中共中央宣传部宣传教育局 组织编写

出版社

出版说明

新中国成立70周年前夕，中共中央宣传部在全国36座省会以上城市，部署开展“倡导国庆新民俗、打造爱国活动周”活动，创新组织“国庆吃面国泰民安”群众新民俗活动是其中一项重要安排。各地轰轰烈烈开展活动，全民共庆新中国华诞。推出国庆面1000多种，开展集中活动近2万场次，覆盖人口3.74亿，唱响祝福祖国的昂扬旋律，国庆黄金周成为名副其实的爱国活动周。

中国人发明的面条，至今已有4000多年的制作食用历史，凝结着中华民族的创造智慧，体现着中华民族对生活的热爱，彰显着中华民族对世界的贡献。面条制作简单，食用方便，营养丰富，是一种既可主食又可快餐的健康保健食品，早已为世界人民所接受和喜爱。

国庆面活动形式喜闻乐见，群众参与性强，契合国庆主题，体现民族特色。一碗碗热气腾腾、香气喷喷、喜气洋洋的国庆面，烘托出喜庆热烈、欢乐祥和的气氛，表达了国家基业长青、国泰民安的喜悦心情。

为进一步巩固国庆新民俗活动成果、持续扩大影响，在部分省市党委宣传部的支持下，我们组织编辑出版《国泰民安国庆面》一书。本书精选365种具有浓郁地方特色的面条，选配365幅特色面条图片和170多个制作参考视频，用通俗化的语言、生动的视频制作演示、详实的操作步骤，配合有用的小知识，让读者看得懂、记得住、学得会、用得上。这既可以在国庆活动期间集中精彩呈现中国面条的历史文化和制作技艺，又可以帮助大家丰富日常生活，做到全年“天天有面”“一天一面”。

以此书出版为契机，我们将继续指导各地广泛深入开展“国庆吃面国泰民安”新民俗活动，大力营造全民联欢、国泰民安的浓厚氛围。

因选编时间紧迫，本书难免有不当之处，欢迎广大读者提出宝贵意见。

中共中央宣传部宣传教育局

2020 年 9 月

目录

365种面（按拼音排序）

艾面（新疆）........ 003
鲍汁海参斑澜面（广东）........ 004
摆汤面（陕西）........ 005
白菜香肠炝锅面........ 006
扒大虾全蛋面........ 007
蚌拌面........ 008
扁豆肉丝焖面........ 009
𰻞𰻞面（陕西）........ 010
巴塘冒面（四川）........ 011
板浦大刀面（江苏）........ 012
拨鱼子拌面（新疆）........ 013
白沙羊肉面（河南）........ 014
菜肉馄饨面........ 015
叉烧炒面........ 016
叉烧拉面........ 017
川味凉面........ 018
重庆小面（重庆）........ 019
长寿面........ 020
肠旺面........ 021
炒鸡丝面........ 022
炒面........ 023
炒什锦泡面........ 024
豉油皇炒面........ 025
传统凉面........ 026
传统麻酱面........ 027
传统素凉面........ 028
葱开煨面........ 029
葱烧牛腩面........ 030
葱油虾仁面........ 031
潮州捞面（拌面）（广东）........ 033
炒面线（福建）........ 034
传统豌豆面（重庆）........ 035
次坞打面（浙江）........ 036
葱油拌面（上海）........ 037
重庆鸡丝凉面（重庆）........ 038
常熟蕈油面（江苏）........ 039
常州银丝面（江苏）........ 040
炒拨烂子（山西）........ 041

扯面（山西）................................042
打卤面（北京）................................043
德州大柳面（山东）................................044
大面炒................................045
大面羹................................046
担仔面................................047
滇味炒面................................048
豆瓣鱼拌面................................049
大条面（福建）................................051
定西浆水面（甘肃）................................052
东江鱼包鱼面（广东）................................053
东阳沃面（浙江）................................054
豆花面（四川）................................055
东台鱼汤面（江苏）................................056
丁丁炒面（新疆）................................057
豆豆面（新疆）................................058
刀削面（山西）................................059
刀拨面（山西）................................060
二节子炒面（新疆）................................061
鹅肉面................................062
番茄鸡蛋打卤面................................063
番茄猪肝菠菜面................................064
福建炒面................................065
福州傻瓜面................................066
腐香拌面................................067
腐竹牛腩炒面................................068
番茄肉碎焖伊面（广东）................................069
风味肥肠面（重庆）................................070
福山大面（山东）................................071
方城烩面（河南）................................072
过油肉拌面................................073
蛤蜊韭菜拌面................................074
干烧伊面................................075
怪味鸡丝拌面................................076
关东饺子面................................077
关中臊子面（陕西）................................078
广东炒面................................079
广式馄饨面................................080
广式云吞面................................081
鲑鱼面................................082
桂花山药凉面................................083
澉浦羊肉面（浙江）................................084
干溜杂酱面（重庆）................................085
古蔺豆汤面（四川）................................086
广式三丝炒面（广东）................................087
鸽子拌面（新疆）................................088
干煸炒面（新疆）................................089
滚辣皮子凉面（新疆）................................090
藁城宫面（河北）................................091
蚝油捞面................................092
红烧牛肉刀削面................................093
红烧牛肉面（重庆）................................094
红烧肉面................................095
花生麻酱凉面................................096
红油抄手拌面................................097
红糟酱拌面................................098

胡萝卜面 099
黄豆茴香炒面 100
红烧牛肉面 101
黄鱼煨面 103
回锅肉炒粗面 104
火腿鸡丝炒面 105
火腿鸡丝煨面 106
海蛎面线（福建）.......... 107
海宁蟹面（浙江）.......... 108
汉中梆梆面（陕西）.......... 109
河水豆花面（重庆）.......... 110
糊辣酸菜鸭血面（重庆）.......... 111
回锅肉面（重庆）.......... 112
河南烩面（河南）.......... 113
淮安盖浇面（江苏）.......... 114
花椒油凉面（河北）.......... 115
黄面（新疆）.......... 116
红面（山西）.......... 117
糊油炝锅面（山东）.......... 118
糊涂面条（河南）.......... 119
鸡翅香菇面 120
鸡丝凉面 121
鸡丝拌面 122
家常肉末卤面 123
家常打卤面 124
酱排骨面 125
家常肉丝炒面 126
酱油生炒面 127
酱油肉丝面 128
京酱肉丝拌面 129
金黄洋葱拌面 130
剪刀面（山西）.......... 131
家常腰花面（重庆）.......... 132
姜鸭面（重庆）.......... 133
金玉满堂（寿面）（浙江）.......... 134
靖边剁荞面（陕西）.......... 135
揪片子（新疆）.......... 136
金丝面（山东）.......... 137
鸡鸭和乐面（山东）.......... 138
济南打卤面（山东）.......... 139
胶东打卤面（山东）.......... 140
郏县饸烙面（河南）.......... 141
库车汤面（新疆）.......... 142
宽拌面（山东）.......... 143
开胃酸辣凉面 144
客家炒面 145
空心菜虾油汤面 146
昆山奥灶面（江苏）.......... 147
鲤鱼焙面（河南）.......... 148
临洮热凉面（甘肃）.......... 149
临清什香面（山东）.......... 150
辣味麻酱面 151
辣子牛肉面 152
绿豆芽肉丝炒面 153
老北京炸酱面（北京）.......... 154
卤肉面 155

卤汁牛肉炒面......156
辣卤蹄花面（重庆）......157
辣肉面（上海）......158
辣子鸡面（重庆）......159
兰州牛肉拉面（甘肃）......161
灵台手工面（甘肃）......162
临海麦虾面（浙江）......163
罗汉斋炒面......164
老雒阳卤面（河南）......165
老雒阳浆面条（河南）......166
灵寿腌肉面（河北）......167
梁徐牛肉面（江苏）......168
连岛渔家海鲜面（江苏）......169
临城腌肉手擀面（河北）......170
洛宁糊卜面（河南）......171
梅州腌面（广东）......172
蘑菇面......173
麻酱凉面（北京）......174
麻辣牛肉面......175
马鲛鱼羹面......176
牡蛎面......177
木耳炒面......178
猫耳朵（山西）......179
麻辣小面（重庆）......180
鳗干鱼丸面（浙江）......181
抿尖（山西）......182
南京皮肚面（江苏）......183
纳仁面（新疆）......184
奶汤鱼肉面......185
牛肉豆干炸酱面......186
牛柳酸辣面......187
牛肉炒面......188
南浔双浇面（浙江）......189
牛羊肉尕面片（甘肃）......190
排骨炒粗面......191
排骨面......193
泡椒鸡杂面（重庆）......194
片儿川面（浙江）......195
平凉饸饹面（甘肃）......196
铺盖面（重庆）......197
莆田卤面（福建）......198
普济素面（浙江）......199
沛县冷面（江苏）......200
蓬莱小面（山东）......201
全家福汤面......202
全卤面（河北）......203
荞麦冷面......204
切仔面......205
茄子汆拌面......206
茄子肉丁面......207
清炖牛肉面......208
岐山臊子面（陕西）......209
秦安辣子面（甘肃）......210
清水扁食（甘肃）......211
荞面河捞（山西）......212
曲阳喜事面（河北）......213

齐氏大刀面（河南）........................ 214
肉丝绿豆芽凉面.............................. 215
燃面（四川）.................................. 216
热干面.. 217
肉羹面.. 218
肉骨茶面... 219
饶阳金丝杂面（河北）.................... 220
肉臊面.. 221
荣州羊肉面（四川）........................ 222
三鲜炒面... 223
山药面饹饹（河北）........................ 224
汕头鱼面... 225
三丁面.. 226
三丝炒面... 227
素拌面.. 228
沙茶拌面... 229
沙茶羊肉羹面.................................. 230
沙茶鱿鱼羹面.................................. 231
沙洺炒面（河北）........................... 233
山药鸡蛋面...................................... 234
上海粗炒... 235
上海鸡丝炒面.................................. 236
哨子面.. 237
什锦炒面... 238
手擀绿豆凉面.................................. 239
什锦肉丝面...................................... 240
什锦素炸酱面.................................. 241
什锦汤面... 242
狮子头汤面...................................... 243
蔬菜挂面... 244
手擀面.. 245
霜降牛肉蚌面.................................. 246
四川担担面...................................... 247
酸菜辣汤面...................................... 248
酸菜牛肉面...................................... 249
酸菜肉丝炒面.................................. 250
酸豆角拌面...................................... 251
酸辣汤面... 252
酸奶青蔬凉面.................................. 253
蒜蓉凉面... 254
蒜香豆干肉丁炸酱面........................ 255
碎蛋肉末炒面.................................. 256
沙茶面（福建）.............................. 257
沙县拌面（福建）........................... 258
上海炒面（上海）........................... 259
上海冷面（上海）........................... 261
畲香面线（福建）........................... 262
顺德鱼面（广东）........................... 263
酸菜面块（四川）........................... 264
苏州三虾面（江苏）........................ 265
馓子（新疆）.................................. 266
沙棘面（新疆）.............................. 267
山东炸酱面（山东）........................ 268
天水碎面（甘肃）........................... 269
剔尖（山西）.................................. 270
甜水面（四川）.............................. 271

台式海鲜汤面......272
台式经典炒面......273
糖醋炒面......274
挞挞面（四川）......275
天水浆水面（甘肃）......276
天水面鱼（甘肃）......277
温州索面汤（浙江）......278
五香酱牛肉汤面......279
温州敲虾面（浙江）......280
温州三鲜面（浙江）......281
武威“三套车”（甘肃）......282
“王馍头”炸酱拉面（河南）......284
新野板面（河南）......285
香油鸡面......286
西兰花大虾卤面......287
西红柿面......288
西红柿牛肉面......289
西红柿鲜虾面......290
虾酱拌面......291
虾酱肉丝炒面......292
虾仁炒面......293
虾鳝面......294
虾汤面......295
鲜牛肉焖伊面......296
鲜肉馄饨面......297
鲜虾蚌面......298
鲜虾酱汤面......299
鲜鱼蚌面......301
小揪片（山西）......302
香醋麻酱面......303
香菇拌面......304
香菇炒挂面......305
香菇胡萝卜炝锅面......306
香菇鸡丝拉面......307
香菇酱肉面......308
香菇肉羹面......309
香菇汤面......310
香芹肉丁拌面......311
雪菜肉末刀削面......312
雪菜肉丝面......313
虾爆鳝面（浙江）......314
鲜虾云吞面（广东）......315
象山海鲜面（浙江）......316
雪花牛肉捞面（广东）......317
小纪熬面（江苏）......318
虾籽饺面（江苏）......319
徐州牛肉板面（江苏）......320
熏鱼老卤面（江苏）......321
新疆拌面（新疆）......322
西关饸饹（河北）......323
养生海带面（山东）......324
玉米面（新疆）......325
羊肉炒面......326
羊肉炒面片......327
羊肉鸡蛋面......328
羊肉面......329

阳春面（江苏）............................ 330
杨凌蘸水面（陕西）........................ 331
洋葱羊肉面 332
腰果枸杞酱凉面 333
药炖排骨面 334
药膳牛肉面 335
鱼酥羹面 336
鱼饼汤面 337
鱼丸汤面 339
原味清汤蚌面 340
云南臊子面 341
芸豆排骨焖面 342
芸豆肉丁拌面 343
耀州刀剺面（陕西）........................ 344
伊府面（福建）............................ 345
银耳挂面（四川）.......................... 346
鱼蛋车仔面 347
一百家子拨御面（河北）.................... 348
一根面（山西）............................ 349
莜面栲栳栳（山西）........................ 350
鱼丸炒面 351
炸酱拌面 352
榨菜肚丝面 353
榨菜肉酱面 354
榨菜肉丝干面 355
榨菜肉丝面 356
正油拉面 357
蒸面条（河南）............................ 358
猪肝炒面 359
猪肝面 360
猪肉拉面 361
猪肉泥拌面 362
猪肉三丝炒面 363
孜然洋葱炒面 364
猪蹄煨面 365
张掖炒炮（甘肃）.......................... 366
张掖搓鱼子（甘肃）........................ 367
张掖牛肉小饭（甘肃）...................... 368
漳州手抓面（福建）........................ 369
蒸凉面（四川）............................ 370
中堂鱼丝面（广东）........................ 371
周宁泥鳅面（福建）........................ 372
竹升面（广东）............................ 373
猪蹄面（干拌面）（福建）.................. 374
镇江锅盖面（江苏）........................ 375
正定饹饹（河北）.......................... 376
蘸片子（山西）............................ 377

365 种面（按拼音排序）

面条是一种古老的食品，在我国已有 4000 多年的制作食用历史，千年炊烟孕育了两千多种面条的做法，不仅牢牢抓住了国人的味蕾，更风靡世界，对世界面食文化产生了深远影响。我们精选了 365 种具有浓郁中国特色的面条，展示中国面条的历史文化和制作技艺。

小知识

艾面是新疆巴里坤传统面食之一，随着当前旅游业的兴起，已成为招待四方宾客的美味佳肴，深受各方游客喜爱，来巴里坤打卡，品尝正宗的艾面，必不虚此行。在巴里坤每年的五、六月份是艾草采摘季节，当地人们通常采摘艾草去做艾面。艾草可入药和食用，具有散寒止痛、温经止血等多种功效。制作艾面要等到艾草刚长出五、六厘米的时候，采摘鲜嫩的艾叶回家制作艾面。

参考视频

艾面（新疆）

做法

01 把鲜嫩的艾叶用水煮熟，捣成汁液和面。用擀面杖擀开，切成长面条。

02 面条入锅煮熟，捞出来过凉水。

03 煮好的面条拌上油泼蒜泥、油泼辣子，再浇上用西红柿鸡蛋做的卤。

04 将切好的羊肉放在油锅中炒干水分，放入葱白、花椒粉炒出，再将切成小方块的胡萝卜或土豆放在锅中炒熟，加入适量沸水，再将白萝卜丁、小豆腐块放入锅中煮熟，放入食盐、食醋等调味。

05 用小碗加入水将淀粉化开加入锅中，煮沸即可。

06 食用时，将卤舀在艾面中食用。

主料

艾叶、面料、鸡蛋、西红柿各适量

调料

清油、油泼蒜泥、醋各适量

鲍汁海参斑澜面（广东）

做法

01 将斑澜面在开水里面灼熟后放进碗里。
02 将鲍汁和海参一起煮入味。
03 鲍汁和海参煮好后淋在面上。

主料

斑澜面 200 克，海参粒 50 克，鲍汁 120 克

调料

食用油、生粉各适量

小知识

户县隶属于陕西西安市，摆汤面是这里的传统名小吃。这种面食由户县的单吉庆面馆以农村臊子面为基础改良制成，其吃法很特别，要从原汤中夹起面条放入臊子汤中摆动，使其充分吸味，很像云南的过桥米线。摆汤面的制作和调味很有特色，首先，“汤汪味厚”；其次，“面薄性筋”，当地民间有一句顺口溜来形容这碗面：“薄如纸、细如线，下到锅里莲花转，捞到碗里像条线，吃到嘴里光又绵”；最后，汤面分碗放置。

摆汤面（陕西）

做法

01 洗净的葱白切成丝，水发黄花菜、水发木耳、油豆干分别切成碎，待用。

02 热锅注油烧热，放入葱白丝、黄花菜碎、木耳碎、油豆干碎，炒匀。

03 放入盐、生抽，翻炒入味，盛盘待用。

04 热锅注油烧热，放入姜末、蒜末，爆香，放入肉末，炒匀，放入生抽、陈醋、盐、五香粉，翻炒入味，将炒好的肉末捞起，待用。

05 热锅倒入高汤，放入炒好的食材、陈醋、葱花和韭菜末，煮 3 分钟，盛至备好的碗中。

06 热锅注水煮沸，放入细面条，搅拌一会儿，煮至熟软。

07 将煮好的面条捞至碗中，配上刚煮好的汤汁即可。

主料

细面条 150 克，肉末 100 克，葱白 25 克，水发木耳、水发黄花菜、油豆干各 30 克，葱花少许，韭菜末 15 克，姜末、蒜末、高汤各适量

调料

盐 3 克，五香粉 2 克，生抽 5 毫升，陈醋、食用油各 4 毫升

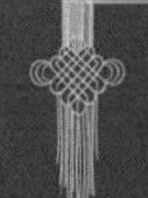

小知识

白菜是我国原产蔬菜，有悠久的栽培历史。白菜所含蛋白质和维生素多于苹果和梨，所含微量元素亦很突出，其中锌的含量比一般蔬菜及肉、蛋等食品都多。可以毫不夸张地说，白菜是一种营养极其丰富的大众化蔬菜，也是人体所需微量元素的宝库。有“百菜不如白菜”“冬日白菜美如笋”之说。

白菜香肠炝锅面

主料

鲜面条 150 克，白菜心 80 克，熟香肠 50 克，人参排骨汤 1 碗

调料

盐 1/2 小匙，味精 1/4 小匙，葱、蒜各适量

做法

01 白菜心洗净，香肠切片。
02 白菜心切丝，葱、蒜切片。
03 起油锅，爆香葱、蒜片。
04 放入白菜略炒。
05 倒入人参排骨汤。
06 加适量清水大火烧开 3 分钟。
07 放入面条和切好的香肠。
08 用筷子轻轻搅动，至面条浮起后再煮 2 分钟，加盐和味精调味即可。

扒大虾全蛋面

做法

01 将面条煮熟，过凉备用。

02 大虾去除沙线和虾皮，洗净，用盐和柠檬汁腌制后，扒熟备用。

03 芦笋、黄椒和红椒分别洗净，切成象眼片备用。

04 锅内放入橄榄油，油热后放入大蒜炒香，随后放入青菜略炒，放入面条，不停翻炒，加入盐和黑胡椒碎调味。

05 装入盘中，大虾放至面上，用罗勒点缀即可。

主料

大虾 2 只，全蛋面 200 克，芦笋 80 克

调料

橄榄油、罗勒、盐、黑胡椒碎、柠檬汁各适量，黄椒 10 克，红椒 10 克，大蒜末 15 克

蚌拌面

做法

01 洋葱洗净切小丁，备用。

02 热锅加入食用油，放入猪肉末以小火炒约 3 分钟，加入洋葱丁炒约 1 分钟，再加入所有调料和 100 毫升水拌炒均匀，转至小火煮至汤汁收干，熄火备用。

03 备一锅沸水，将细拉面煮熟捞起，放入碗中备用。

04 将适量炒好的猪肉末加入面中拌匀，再加入蛤蜊水拌匀，最后撒上葱花即可。

主料

细拉面 150 克，猪肉末 100 克，葱花 1 小匙，洋葱 30 克，蛤蜊水 3 大匙，食用油适量，水 100 毫升

调料

酱油 1 大匙，盐、白糖各 1/4 小匙，米酒 1 大匙，洋葱片 1 大匙

小知识

焖面起源于宋朝，是中国中部和北部地区的特色传统面食小吃，流行于山西、陕西、河南、河北、北京、天津、内蒙古等长江以北大部分地区，又称为蒸面、垆面、烀面、糊面等。主料是面条，配料主要是豆角、豆芽和猪肉。其他可以随自己喜好加入蘑菇、香菇、土豆丁等。从烹饪技术来讲，焖出来的面，不会像水煮那样破坏面粉的蛋白质分子网状结构，蔬菜中的养分和水分流失最少，所以焖面更加营养，口感更好。

扁豆肉丝焖面

主料

细切面、扁豆各 300 克，猪肉 100 克

调料

盐、酱油、葱末、姜丝、蒜泥、香油、味精、植物油各适量

做法

01 将扁豆择洗净，切成 3 厘米左右的段；猪肉洗净，切成丝；笼屉内抹少许油，将切面放在其上蒸至六七成熟，取出。

02 锅置火上，放油烧热，下入猪肉丝煸炒至变色，依次加入酱油、葱末、姜丝、扁豆段、盐翻炒，放入适量水，将面条均匀地放在扁豆上，盖锅盖，用小火焖熟，出锅前加入蒜泥、香油、味精即可。

参考视频

𰻞𰻞面（陕西）

小知识

𰻞𰻞面是关中地区一种知名传统面食，是扯面的一种，由上等面粉精制而成。主要通过揉、抻、甩、扯等步骤制作，面宽而厚，犹如裤腰带，口感劲道，食用前加入各色臊子或油泼辣子，味辣而香。深得历代达官贵人和市井小民的共同喜爱。陕西民风民俗中的陕西八大怪之一的“面条像裤带”指的就是这种特色的面食。“一点飞上天，黄河两道湾，八字大张口，言字中间走，左一扭右一扭，你一长我一长，中间加个马大王，心字底，月字旁，留个勾搭挂麻糖，推个车车逛咸阳。”是对这种面食的形象概括，不但概括了𰻞𰻞面的产地特性、做面要领、做面的辛劳，更是体现了秦人心底宽长、有棱有角、大苦大乐的爽快精神。关中民谣“八百里秦川尘土飞扬，三千万老陕齐吼秦腔，吃一老碗𰻞𰻞面喜气洋洋，油泼辣子少了嘟嘟囔囔”，便是这种面食根植民间的生动写照。

做法

01 和面，选用优质小麦面粉，加水和面，并根据不同季节的湿度确定面团的合适软硬程度。

02 揉面揪面，面团一定要反复地揉，需达到劲道的标准要求。

03 醒面，面团表面抹上清油，整齐码成堆，让面醒；与此同时，运用祖传工艺制作肉杂酱，西红柿鸡蛋，肉臊子等配料。

04 搓条，将面条搓成直径 3 公分，长度 12 公分的圆条状，抹上清油摆放整齐，让面继续醒。

05 擀开，将圆条状面放在案板上压扁，用擀面杖擀开。

06 锅中水烧开，扯面入锅，将已擀开的面片均匀拉长；扯面时，面摔在案板上发出清脆的声音。

07 煮面，掌握火候，待面熟后，捞出装碗，浇上腊汁肉、蛋、酱，放入优质辣面，再用热油一泼。

主料

优质精选面粉，精选秘制腊汁肉，炸酱肉，肉臊子，西红柿，鸡蛋

调料

优质辣面，菜籽油，祖传秘制酱料（含中草药及大小香料三十六味）

小知识

巴塘长面色泽微黄，细若银丝，最长可以超过一米，外地食客美其名曰“金丝面”，巴塘人则俗称“冒面”。其做法考究，工序繁复。冒面尤其讲究汤的质量，而汤的好坏取决于臊子即浇头，上好的浇头须得用牦牛肋骨上的肉制作才最鲜美。在冷水里漂过的长面被放入小碗，接着将滚热的汤舀进去又倒出来，上上下下，反复几次，长面冒热了，“冒面”一名就得之于最后这道工序。冒好的面再度倒入碗里后，撒些小葱舀上汤，一碗色香味俱全的巴塘长面就做成了。在桌上吃冒面时，佐以巴塘人自制的“醋海椒”，伴以红油、香醋，这样才够味儿。

参考视频

巴塘冒面（四川）

做法

01 揉面、醒面、切面后放入冷水锅里。

02 锅烧热后把剁碎的肥猪肉放入锅中，待出油后，放入切好的牛肉；再撒下姜葱末，放盐和胡椒面，继续翻炒一会儿，再用开水或高汤文火慢熬。

03 在冷水里漂过的长面用手或筷子取一小撮，放入小碗，接着将滚热的汤舀进去再倒出来，上上下下，反复几次。

主料

小麦面粉、鸡蛋、清水、牦牛肋骨上的肉、猪肉、青菜或番茄各适量

调料

清油、盐、胡椒面、姜、蒜各适量

小知识

大刀面又叫跳切面，是连云港板浦镇的传统美食，已有一百六十多年的历史。大刀面为纯手工制作，其工艺十分独特：面粉和好后平摊放在案板上，大师傅横坐在一根五六尺长茶杯粗细的圆木杠子上，轻盈而有节奏地边跳边擀，木杠子（一头套住）一寸寸地向前移动，动作幽雅美观如同跳舞，而后用一把长柄大铡刀（头固定），用手握切，技艺娴熟而又快捷。做出来的熟面条，面皮厚薄均匀，面条精细适宜，口感劲道、清爽嫩滑，特有筋道又别有风味，深受当地百姓的喜爱。

板浦大刀面（江苏）

做法

01 面粉和好，经过醒面后，摊平放在宽 1.5 米，长 3 米的案板上，师傅横坐在一根五六尺长，茶杯粗细的原木杠上，轻盈而有节奏边跳边擀，来回反复数十次，直到表面光滑、质地紧实。

02 擀好的面整齐地叠在一起，厚度均匀，色泽洁白，再用一头固定的重量超过十把普通菜刀的大铡刀均匀切开，粗细以顾客口味而定，大刀面由此得名。

03 将面条下入滚烫的开水中，凉水点几个滚开后即可装碗。面条清爽嫩滑、劲道弹牙；佐以京葱与香菜，白绿调和，令人胃口大开。

主料

面粉 1000 克，京葱 300 克，香菜 100 克

调料

盐少许

小知识

拨鱼子拌面是西北一带的特色面食，“拨”是用筷子把碗里的面拨到开水锅里，“鱼”是面条的形状像鱼，所以叫“拨鱼子”，在锅里煮熟之后，捞出来，拌入炒好的蔬菜中，一份香喷喷的拨鱼子拌面就好了。在新疆，各族群众用菠菜、胡萝卜、紫甘蓝等蔬菜榨汁和面，既添了“拨鱼子”的色彩，又使拌面的营养更加丰富，让人食欲大增。

参考视频

拨鱼子拌面（新疆）

做法

01 以小麦面为主料，分别以菠菜汁、胡萝卜汁、紫甘蓝汁、西红柿汁调和，形成黄色、红色、绿色不同色泽的面，拉细面条后用筷子拨成约一寸长，两头尖的条状。

02 面拨入开水中，煮熟捞出，过凉开水装盘。

03 羊肉切片，洋葱切成滚刀块，辣椒切片，西红柿切条，白菜切片。

04 起锅烧油，放入切好的羊肉，依次放入盐、胡椒粉，洋葱、白菜、辣椒炒熟后放入鸡精调味，再放入西红柿上色装盘。

05 拨鱼子面浇上卤汁拌上炒菜即可食用。

主料

面粉、西红柿、菠菜、白菜、羊肉、洋葱、辣椒、胡萝卜、紫甘蓝各适量

调料

盐、胡椒粉、鸡精、卤汁各适量

小知识

羊肉性温热、补气滋阴、暖中补虚、开胃健力。白沙羊肉面在白沙羊肉汤的基础上改进而成，白沙羊肉汤起源于伊川县白沙镇，汤洁白温润、口感醇厚、风味独特。面宽窄随意，配以滚烫的汤汁，再切好羊肉或羊杂，辅之以葱丝和特有的羊油辣椒，汤色晶莹如玉，配料碧绿靓红，十分诱人，令人胃口大增，食之汤鲜面滑，深受人们喜爱。

白沙羊肉面（河南）

做法

01 将羊肉切丝或小片，豆腐皮切细丝。

02 鸡蛋煎熟。

03 锅内加水煮沸（羊肉汤最佳），下入面条、羊肉、蘑菇、姜末。

04 面条煮熟，加入鸡蛋及调味料，撒上香菜即可。

主料

面条100克，鸡蛋1个，豆腐皮20克，熟羊肉适量，蘑菇10克

调料

植物油、辣椒粉、姜末、香菜各适量

小知识

馄饨和水饺有一些小区别，馄饨皮为边长约 6 厘米的正方形，或顶边长约 5 厘米，底边长约 7 厘米的等腰梯形；水饺皮为直径约 7 厘米的圆形。馄饨皮较薄，煮熟后有透明感。亦因此薄厚之别，等量的馄饨与水饺入沸水中煮，煮熟馄饨费时较短。馄饨面俗称云吞面，因“馄饨”二字与粤语中的“云吞”同音，所以港澳和广东部分地区常写作云吞面，是一种著名的地方小吃，以煮熟的馄饨和蛋面，加入热汤即成。

菜肉馄饨面

做法

01 琼脂、上海青洗净后放入开水中汆烫 1 分钟后捞起，将琼脂冲冷水，并挤掉水分切碎，备用。

02 猪肉泥加入调料 A 的盐摔打至粘手，加入姜末、葱花及其他调料 A 拌匀后，再加入琼脂碎拌匀成馄饨馅，备用。

03 将馄饨馅用馄饨皮包起，备用。

04 将面条放入开水中煮约 25 分钟后捞出放入碗中。

05 将馄饨放入开水中以小火煮约 4 分钟，捞出放入面中，再加入上海青。

06 将清高汤加入所有调料 B 一起煮滚后，倒入做法 5 的碗中即可。

主料

阳春面 1 把，猪肉泥 150 克，琼脂 100 克，上海青适量，姜末 5 克，葱花 5 克，大馄饨皮 20 张，清高汤 350 毫升

调料

A 盐 1 小匙，鸡粉 1/2 小匙，糖 1/4 小匙，胡椒粉 1/2 小匙，香油 1 小匙，淀粉 1 小匙

B 盐 1/2 小匙，鸡粉 1/4 小匙

小知识

叉烧是广东省传统的名菜，属于粤菜系。是广东烧味的一种。多呈红色，瘦肉做成，略甜。是把腌渍后的瘦猪肉挂在特制的叉子上，放入炉内烧烤而成。好的叉烧应该肉质软嫩多汁、色泽鲜明、香味四溢。当中又以肥、瘦肉均衡为上佳，称之为“半肥瘦”。

叉烧炒面

做法

01 煮一锅沸水，放入广东生面汆烫约 2 分钟后捞起，冲冷水至凉再沥干备用。

02 叉烧肉切丝，姜洗净切丝，葱洗净切丝。

03 热锅，倒入食用油烧热，放入姜丝爆香，再加入水、叉烧肉丝及所有调料一起拌炒后煮沸。

04 最后加入沥干的广东生面一起拌炒至汤汁收干，盛盘，放上葱丝即可。

主料

广东生面 150 克，叉烧肉 30 克，姜 10 克，葱 15 克，水 150 毫升

调料

蚝油 1 大匙，鸡精 1/4 小匙，胡椒粉 1/4 小匙，食用油适量

酱油汤头

主料

猪骨500克，鸡骨500克，梅花肉300克，洋葱1个，白萝卜1/2根，柴鱼片50克，水4000毫升

做法

01 将所有材料处理干净切块，一起放入汤锅中，以小火熬煮1小时后，将梅花肉捞起抹盐备用。

02 然后继续以小火熬煮约1小时即可。

叉烧拉面

主料

拉面150克，酱油汤头500毫升，叉烧肉6片，海苔丝少许，葱花少许

调料

白味噌30克，盐1/4小匙，白糖1/2小匙

做法

01 将拉面烫熟后捞起置于碗内备用。

02 酱油汤头以中火煮开，加入所有调料调味后盛入面碗中，最后摆入叉烧肉片、海苔丝、葱花即可。

小知识

凉面是四川的传统小吃，受到四川全省乃至全国食客的欢迎。四川凉面真正考验的不是用名贵食材炫技，恰恰是用最平凡的食材，做出淳朴而又令人心醉的味道，吃完之后，数月乃至数年过去，还能念念不忘。四川凉面采用了川味的精华，令人食之大呼过瘾。

川味凉面

做法

01 汤锅放入适量水煮沸，放入细拉面氽烫至熟即捞起沥干。

02 将烫熟的细拉面放在盘上并倒上少许食用油（材料外）拌匀，一边拌一边将面条以筷子拉起吹凉。

03 将豆芽以沸水氽烫至熟后捞起冲冷水至凉；小黄瓜洗净切丝，浸泡凉开水备用。

04 取一盘，将拉面置于盘中，再于面条表层排放氽烫熟的豆芽和小黄瓜丝，淋上川味麻辣酱，撒上香菜即可。

主料

细拉面200克，豆芽、小黄瓜各25克，香菜少许

调料

川味麻辣酱3大匙

小知识

重庆小面，是重庆四大特色之一，是一款发源于重庆的特色传统小吃。重庆小面是重庆面食中简单的一种。佐料是重庆小面的灵魂，一碗面条全凭调料提味儿。先调好调料，再放入煮好的面条。麻辣味调和不刺激，面条劲道爽滑，汤料香气扑鼻，味道浓厚。狭义上，小面是指以葱、蒜、酱、醋、辣椒调味的麻辣素面。而在老重庆的话语体系中，即使加入牛肉杂酱、排骨等豪华浇头的面条也称作小面，如：牛肉、肥肠、豌豆杂酱面等。但如果你去小面馆不说其他的就是默认的红油素面。

重庆小面（重庆）

做法

01 将洗净的上海青去头，切成小段。

02 热锅注油烧热，放入葱花、姜末、蒜末、辣椒粉、白芝麻，爆出香味。

03 将食材制成油辣子，盛入备好的碗中待用。

04 热锅注水煮沸，放入面条，搅拌一会儿，煮至熟软。

05 放入上海青，煮熟。

06 在备好的碗中放入油辣子、盐、鸡粉，倒入生抽、陈醋，搅拌均匀。

07 将面条、上海青捞起，放入备好的碗中，注入高汤，搅拌均匀。

08 撒入花生碎、香菜碎即可。

主料

面条 280 克，上海青 60 克，白芝麻、花生碎各 2 克，辣椒粉 1 克，姜末、葱花、蒜末各 5 克，香菜碎 3 克，高汤 600 毫升

调料

盐、鸡粉各 3 克，生抽、陈醋各 3 毫升，食用油适量

长寿面

做法

01 鸡蛋打入沸水锅中煮成荷包蛋。

02 香菇、鲜笋洗净切丝。

03 精面粉加水和成面团，用擀面杖擀成薄面片，切成细面条。

04 虾仁开背，去沙线，切丁。

05 起油锅烧热，放入葱姜末炝锅，加适量水烧沸，下入面条煮熟，加入香菇丝、笋丝、虾仁略煮，加盐、香油调味，起锅盛入碗中，将荷包蛋放在面条上即可。

主料

精面粉200克，鸡蛋1个，香菇30克，鲜笋20克，虾仁50克

调料

葱姜末、盐、香油、花生油各适量

小知识

肠旺面是贵阳极负盛名的一种风味小吃，据传始创于晚清，其有山西刀削面的刀法、兰州拉面的劲道、四川担担面的滋润、武汉热干面的醇香，以色、香、味“三绝”而闻名。“肠旺”是“常旺”的谐音，寓意吃了肠旺面更会吉祥常旺。肠旺面之所以能独具一格，是因为它用肥肠和血旺分别制成肠臊和旺臊，再用猪五花肉制成脆臊，然后用肠油、脆臊加辣椒油制成红油，由此而形成了肠旺面“三臊”加红油的基本特色。

肠旺面

做法

01 洗净的猪血切片，熟猪大肠切成小段。

02 锅中注入适量清水，大火烧开。

03 放入碱水面，煮约 1 分钟至熟软，捞出，沥干水分，盛入碗中。

04 锅中放入豆芽，焯至断生，捞出，沥干水分，盛入装有冷水的碗中。

05 将猪血片放入锅中焯约 1 分钟，捞出，沥干水分，盛入装有豆芽的碗中。

06 面碗中加入熟猪大肠、脆哨、豆芽、猪血片、油炸花生米、糊辣椒面，备用。

07 锅中水倒掉，倒入高汤，大火烧开，加入适量盐，搅拌均匀。

08 将烧开的汤倒入面碗内，淋上辣椒油，撒上葱花即可。

主料

碱水面 150 克，猪血 30 克，熟猪大肠 30 克，脆哨（油渣）20 克，豆芽 20 克，油炸花生米 8 克，葱花 4 克，高汤 250 毫升

调料

辣椒油、糊辣椒面、盐各适量

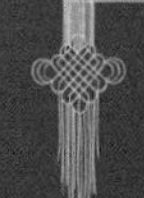

炒鸡丝面

做法

01 鸡丝面放入开水中略汆烫，捞起沥干备用。

02 取锅，加入少许油烧热，放入葱段、鸡丝面和所有调味料及水混合拌炒后，再放入竹笋丝、黑木耳丝、胡萝卜丝和小白菜段煮熟即可。

主料

鸡丝面 100 克，竹笋丝 20 克，黑木耳丝 10 克，胡萝卜丝 10 克，葱段少许，小白菜段 20 克，水 300 毫升

调料

鸡粉 1 小匙，糖 1/2 小匙

小知识

炒面是流行于大江南北的中国传统小吃，制作原料主要有面条、蔬菜、肉，再配以各种调料，是一道美味的快手面食。为保持面条弹性，焯面条的时间不用太久。炒面的味道比较浓郁，吃起来鲜香可口，让人胃口大开。

炒面

做法

01 先将肉切成粗丝，加入原料 A 中的调味料，拌匀后腌制 5 分钟；将原料 B 中的蒜切成片，蔬菜洗净。锅中水烧开，加入少许盐，放入手擀面断生后捞出，过凉水。加入少许食用油，防止粘连。

02 煮面的水再次煮沸后，放入洗好的豆芽和油菜，略烫后捞出。

03 另起锅加入食用油烧热，放入腌好的肉丝，以及原料 B 中的蚝油、老抽，将肉丝炒熟，倒入焯好的蔬菜和面条，加入生抽，迅速翻炒均匀后出锅即可。

原料

A 猪背肉 170 克，老抽 3 克，生抽 8 克，料酒 4 克，淀粉 3 克

B 蒜 2 瓣，盐少许，豆芽 130 克，油菜 160 克，手擀面 350 克，食用油 35 克，蚝油 10 克，老抽 15 克，生抽 8 克

小知识

泡面又称方便面，原理是利用棕榈油将已煮熟与调味的面条硬化，并压制成块状，食用前以热水冲泡，用热水溶解棕榈油，并将面条加热泡软，数分钟内便可食用。

炒什锦泡面

做法

01 取锅，加水煮至滚沸，放入泡面略氽烫后捞起沥干备用。

02 金针菇洗净切小段，胡萝卜洗净切丝，猪肉洗净切条；墨鱼洗净切条，空心菜洗净切段备用。

03 取锅，加入少许油烧热，放入所有调味料、水和金针菇段、胡萝卜丝、猪肉条、墨鱼条、虾仁炒香。

04 加入泡面拌炒至软化入味即可。

主料

泡面 100 克，金针菇 10 克，胡萝卜 10 克，猪肉 20 克，墨鱼 20 克，虾仁 20 克，空心菜 30 克，水 400 毫升

泡面调味包 2 包

小知识

豉油在粤语中就是酱油的意思，豉油皇炒面是一道具有广东特色的著名小吃，它是广州人喝早茶最爱点的小吃，也是普通人家餐桌上的家常早餐。烹调时，先将韭菜、鱿鱼、洋葱、绿豆芽等辅料炒熟调味，倒入面条拌炒的同时，加入生抽和老抽给其上色，才可让豉油皇炒面酱香四溢，色泽黝黑明亮，面条爽滑弹牙。

豉油皇炒面

做法

01 鸡蛋面放入沸水中煮至软后捞起，加入少许食用油拌开备用。

02 洋葱洗净切丝，干香菇泡软洗净切丝，韭菜洗净切段备用。

03 热锅倒入食用油烧热，放入拌好的鸡蛋面以中火将面煎至酥黄后盛盘。

04 以冷开水淋于煎好的鸡蛋面上，冲去多余的油分。

05 重热原油锅，放入洋葱丝、香菇丝以小火炒约 2 分钟至香。

06 再加入水、所有调料及冲去多余油分的鸡蛋面，以中火快炒均匀让面条散开。

07 最后放入洗净的豆芽及韭菜段拌炒至汤汁收干盛盘，再撒上白芝麻即可。

主料

鸡蛋面 150 克，洋葱 1/4 个，干香菇 2 朵，水 100 毫升，韭菜 20 克，豆芽 30 克，白芝麻少许

调料

酱油 1 小匙，蚝油 1/2 小匙，盐 1/4 小匙，白糖 1/4 小匙，胡椒粉 1/4 小匙，食用油适量

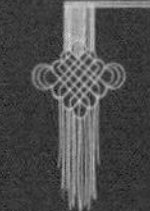

小知识

凉面又称冷面，也称“过水面”，古称为“冷淘”，源于唐朝。大诗人杜甫曾写有《槐叶冷淘》一诗：“青青高槐叶，采掇付中厨。新面来近市，汁滓宛相敷……经齿冷于雪，劝人投此珠。”诗人所说的“槐叶凉面”，是指用鲜嫩的槐叶汁和面后而制成的碧绿面条，绿色本身就是冷色调，再加上煮熟的面条过水而淘，自然会更给人以“凉”的感觉。

传统凉面

主料

油面200克，鸡胸肉50克，胡萝卜50克，小黄瓜50克

调料

芝麻酱适量，鸡汤适量，蒜泥10克，米酒1大匙，盐1小匙

做法

01 鸡胸肉洗净，入沸水汆烫后捞起，与米酒、盐、水一同放入电饭锅内锅，在外锅放200毫升水，蒸至开关跳起，再焖10分钟取出切丝。

02 胡萝卜、小黄瓜洗净切丝，备用。

03 油面放入沸水汆烫，捞起沥干盛盘，接着放入鸡肉丝、胡萝卜丝、小黄瓜丝，再加入芝麻酱、鸡汤、蒜泥拌匀即可。

小知识

芝麻含有大量的脂肪和蛋白质，还有糖类、维生素 A、维生素 E、卵磷脂、钙、铁、镁等营养成分。芝麻中的亚油酸有调节胆固醇的作用，芝麻中的维生素 E，能防止过氧化脂质对皮肤的危害，芝麻还具有养血的功效。芝麻酱是把炒熟的芝麻磨碎制成的食品，制作简单，营养美味。根据所采用的芝麻的颜色，可分为白芝麻酱和黑芝麻酱。芝麻酱是群众非常喜爱的香味调味品之一，食用以白芝麻为佳，滋补益气以黑芝麻酱为佳。

传统麻酱面

做法

01 将麻酱汁调料充分拌匀备用。

02 汤锅放入水煮开，加入盐和拉面煮 3 分钟，再加入少许冷水过 15 秒后，第二次加入少许冷水，等到第三次水开后即可捞起。

03 取 100 毫升面汤放入麻酱汁拌匀，加入煮好的拉面拌匀后，放入碗中备用。

04 小白菜洗净，切成 5 厘米的长段，放入沸水烫 5 秒钟后捞起，放在面上即可。

主料

拉面 150 克，小白菜适量

调料

盐 1/2 小匙

麻酱汁调料

芝麻酱汁 2 大匙，蚝油 1 小匙，盐、白糖各 1/4 小匙，鸡精少许

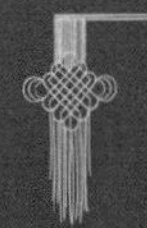

传统素凉面

做法

01 汤锅加入适量水煮沸，将油面放入略氽烫捞起，冲泡冷水后沥干。

02 取一盘，放上沥干的油面并倒上少许食用油拌匀，且一边拌一边将面条以筷子拉起吹凉。

03 将素火腿切丝；小黄瓜、胡萝卜、生菜洗净后切丝，泡冷水备用。

04 取一盘，将油面置于盘中，再铺上素火腿丝、小黄瓜丝、胡萝卜丝、生菜丝，最后淋上芝麻酱即可。

主料

油面 200 克，素火腿 3 片，小黄瓜 30 克，胡萝卜 15 克，生菜 15 克

芝麻酱 2 大匙

小知识

凡是做中国菜的厨房，必备有葱。由于葱的香味，迎合了以调味为中心的中国烹调需求，因此应用广泛。葱含有蛋白质、碳水化合物等多种维生素及矿物质，对人体有很大益处。煨，释义为火盆中的火，后来引申为用火加热烘干烤熟等多种意思。今指利用姜葱和汤水使食物入味及去除食物异味的加工方法。北方菜系又指食物连同汤水放入密封的烹具中，在文火中致熟的烹调方法。

葱开煨面

做法

01 虾米泡水约3分钟，捞出洗净沥干；葱洗净切斜段，并将葱白、葱绿分开，备用。

02 取一锅烧热后，放入食用油，再放入洗净的虾米以小火炒约2分钟，接着放入葱白炒至微黄，续加入猪骨煨汤与所有调料一起拌煮均匀。

03 将粗拉面放入锅中煮熟，捞出沥干备用。

04 将烫过的粗拉面放入汤料锅中，以小火煮约4分钟后，再放入葱绿与洗净的莴苣一起煮约1分钟即可。

主料

粗拉面150克，虾米30克，葱2棵，猪骨煨汤600毫升，莴苣30克

调料

盐1/2小匙，胡椒粉少许，食用油适量

小知识

牛腩是指带有筋、肉、油花的肉块，即牛腹部及靠近牛肋处的松软肌肉，是一种统称。若依部位来分，牛身上许多地方的肉都可以叫作牛腩。牛腩的脂肪含量很低，却是低脂的亚油酸的来源，还是潜在的抗氧化剂。

葱烧牛腩面

做法

01 葱段用油炒至呈金黄色、香味溢出时即可起锅备用。

02 牛腩切块，入沸水氽烫，洗净备用。

03 将炒好的葱段、洗净的牛腩块与鲜味汤头一同放入锅中，用酱油、白糖调味调色，炖煮约40分钟。

04 将白面烫熟装碗，加入炖好的汤料、氽烫过的嫩豆苗、葱丝、红辣椒丝即可。

主料

白面250克，葱段20克，牛腩200克，嫩豆苗20克，鲜味汤头、葱丝、红辣椒丝各适量

调料

酱油2大匙，白糖1大匙，食用油适量

葱油虾仁面

做法

01 将虾仁洗净，切碎末。葱白洗净，切成葱花。

02 炒锅置火上，加油烧热，下入葱花炝锅，加入虾仁末炒一下，再加入酱油、白糖，略炒几下出锅。

03 将面条煮好，捞入盛有酱油、盐的碗里，调匀，再将炒好的虾仁末倒入面条碗内即可。

主料

细面条100克，虾仁50克，葱白10克

调料

植物油、酱油、白糖、盐、淀粉各适量

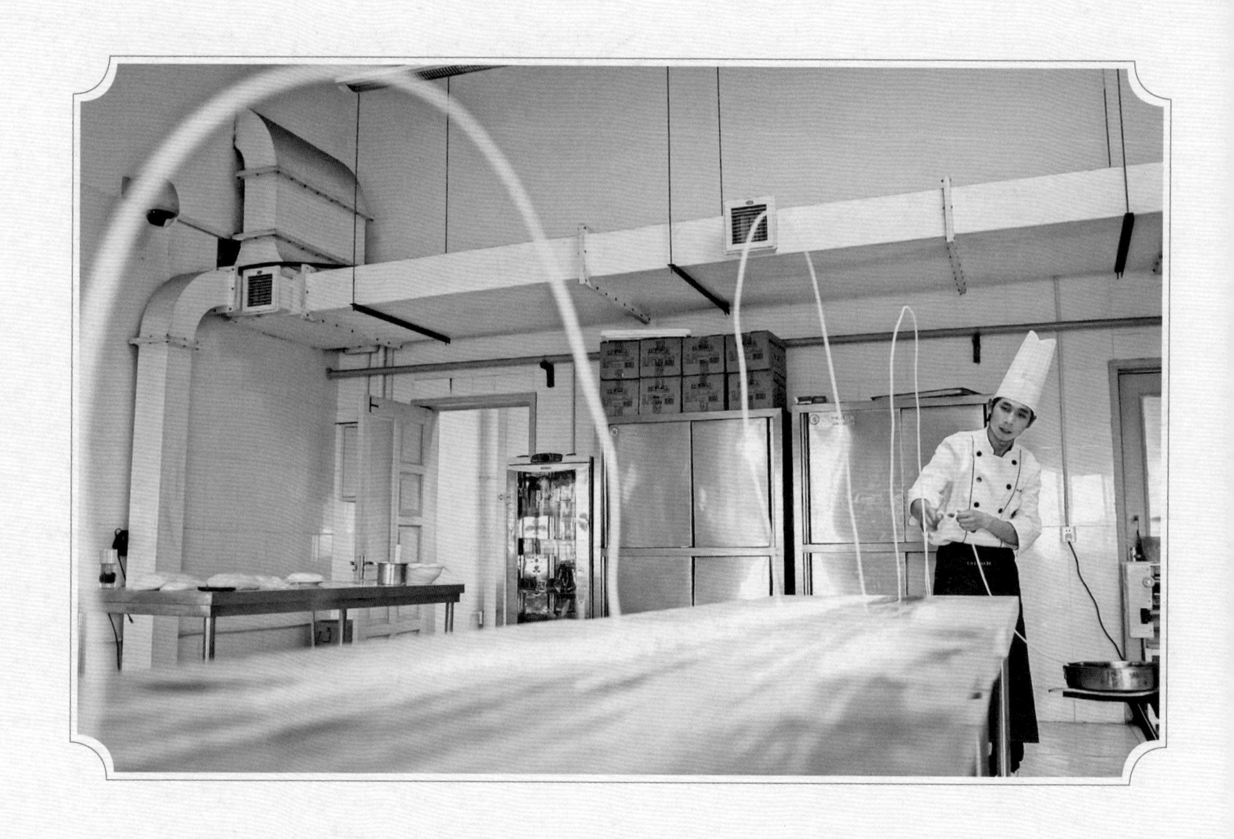

22 岁面食“达人”创两项吉尼斯纪录

2012 年 5 月 24 日，刘辉甩出的一根面在空中划出多道美丽的弧线。

日前，刘辉在上海大世界吉尼斯纪录挑战中，甩出一根 1918 米的面，打破原“南诏一根面”1704 米的世界纪录，同时用面团吹出直径 1.5 米的“气球”，获得“最长一根面”和“直径最大的面团气球”两项上海大世界吉尼斯纪录。22 岁的天津青年职业学院烹饪系教师刘辉，来自山西太原，学习面食技艺已经 5 年多，堪称面食“达人”。

新华社发　张超群 / 摄

小知识

潮州捞面（也称拌面）在潮州人日常生活中占据了非常重要的地位，甚至每日三餐都离不开它。在潮州，早餐可以吃，午餐和晚餐也可以吃，相关店铺遍布大街小巷。

参考视频

潮州捞面（拌面）（广东）

做法

01 把面条放入沸腾的猪骨汤（或者白开水）中烫熟，捞出放在碗中，沥干水分。

02 把少量青菜、肉片、芹菜末或葱花下锅烫熟，捞出摊放在面条上。

03 往面条浇上花生酱、沙茶酱、芝麻油，用筷子搅拌均匀。

主料

面条、新鲜猪肉、生菜各适量

调料

猪油、花生酱各适量

参考视频

炒面线（福建）

小知识

炒面线是厦门独具特色的传统名点，由“全福楼”“双全酒家”的陈如琢、陈景辉等几位老师傅在烹饪实践中首创，至今已经有百年的历史了。炒面线闻名海内外，早年据说还有海外华侨专程用保温瓶乘飞机带回去品尝。2017 年金砖国家领导人会晤的国宴上就有炒面线这道传统菜肴，深受海内外贵宾的青睐。厦门上等的面线基本都是手工制作。厦门手制面线历史悠久，早年经常销往海内外，晚清时期，厦门一条面线作坊集中的巷子就被起名为“面线巷”。

炒面线烹制的方法是选用上等面线放在四到五成热的油锅里炸至赤黄色，捞出用开水焯软待用；以瘦肉、冬笋、香菇为配料，切成丝翻炒，加入扁鱼末、虾汤，然后倒入氽过水的面线和配料一起炒透。

吃时搭配沙茶酱、红辣酱等佐料，味道更佳。

做法

01 将面线用油炸至金黄后氽开水待用，虾汤熬制后备用。

02 再将配料炒香，加入之前熬制的虾汤，放入氽过水的面线和适量的糖、味精、熟猪油等调味炒透，加入干葱头、扁鱼末炒匀即可。

主料

面线 500 克，肉丝 50 克，虾仁 50 克，香菇 50 克，笋丝 100 克，胡萝卜 50 克，韭菜 20 克，炸干葱头 10 克，扁鱼末 10 克

调料

油 1000 克（消耗 200 克），糖 10 克，虾汤 100 克，味精 10 克，熟猪油 20 克

小知识

抗战期间，重庆大学附近的小面摊主接受了一位山区学生推荐他们老家用柴火灶焖煮豌豆的方法，说用这种方法焖煮豌豆质地细绒，翻沙润口，如用它作为臊子，肯定不错。随后，那家面摊就多了白豌臊子面的供应，因豌豆面既能减少花费又能增加食用价值，很快随着学生的交口相传而在重庆地区流传开来，70 多年过去了，豌豆面仍然魅力不减。有食客这样评价豌豆面“白豌、白豌，大人细娃喜欢它，粒饱满、色鸭黄，软绒细润还翻沙”。

参考视频

传统豌豆面（重庆）

主料

大白豌豆 500 克，特制碱水面条 150 克，鲜汤 150 克

调料

酱油 8 克，猪化油 10 克，老姜 5 克，大蒜 5 克，芝麻酱 5 克，芝麻油 3 克，涪陵榨菜 15 克，青花椒面 4 克，红花椒面 2 克，红油辣子 15 克，味精 2 克，小葱 3 克

做法

01 将白豌豆淘洗后用清水浸泡 4 小时，然后放入高汤锅内用小火煨煮至质地绒成面臊子（此臊子可供 10 碗豌豆面用）。

02 榨菜切成末，葱切成葱花。

03 老姜、大蒜捣茸后用冷开水调成姜蒜汁水。

04 芝麻酱用麻油调散。

05 取一碗，放入酱油、味精、鸡精、麻油、红油辣子、青花椒面、红花椒面、猪化油、姜蒜汁水、芝麻酱、榨菜末、葱花、花生末，掺入鲜汤 30 克。

06 煮锅掺水烧沸，放入面条煮至熟透，起锅挑入碗内，舀入豌豆即成。

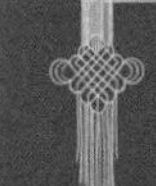

小知识

次坞打面，诞生于历史文化古城诸暨，古代美人西施的故里，它独有的工艺和口感，深受当地老百姓的喜爱，不仅能感受食物本身的味道，也能感受人情的味道，时间的味道。次坞，本作茨坞。因当地有山名茨峰，坞中多生荆茨而得名。据说朱元璋早年吃了一碗当地的手工打面，连呼此面为“食不厌之”。自此，“次坞打面”名声逐渐传开，并穿越百年烟火人间，长存至今。

次坞打面（浙江）

做法

01 一根棍子，上下跳动着打面，敲打出面团的韧劲，压扁、摊开、折叠，周而复始，千锤百炼，方能柔韧可口。

02 将面条融于沸腾的热水，同时采用独自精心熬制的猪油，爆炒新鲜的河虾扁笋和自制的蛋卷。

主料

打面 180 克左右，雪菜、河虾、手工蛋卷、猪肚、笋、蘑菇、番茄、豆芽、葱、蒜适量

调料

猪油、食盐、老抽、料酒各适量

小知识

葱油拌面是上海的一道特色美食，也是海派文化、江南文化孕育出的一道面食，其食材简单，做法简便，色香味俱全。一碗简单的面条，倒上精心爆香的葱油，闻之浓香，食之开胃。再配上用素油炒过的开洋（虾米），与无汤汁的面条拌和，吃起来润滑爽口，滋味鲜香无比，更是让人垂涎。

参考视频

葱油拌面（上海）

做法

01 京葱、小葱、洋葱头洗净并切段，生姜洗净切丝，并沥干水分。

02 热锅倒入食用油，放入葱段和姜丝，小火慢熬至葱段成焦黄色，捞出葱段，过滤葱油备用。

03 将面条放入沸水中，煮熟后捞出装碗。

04 倒入酱油、葱油和焦葱段，拌匀即可食用。

主料

切面 160 克，京葱 10 克，小葱 1 根，生姜 10 克，洋葱 10 克

调料

植物油 5 匙，酱油 1 匙

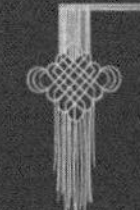

棕红晶亮的面条配上手撕的白色熟鸡丝，红白分明，诱人食欲。此面的最大特色在于其独创的“怪味”口感，“怪味”是在麻辣味的基础上增加了芝麻酱、糖、醋而产生的，调制此味时需十分专注，十余种调料在投入之际稍有闪失便会影响味道，使风味出现偏差，打调料者常发出“怪不好调”和“怪难调”的叹息，时间一长，就干脆将这种能呈现麻、辣、甜、咸、酸并富鲜香的味道称为“怪味”。将各种个性的调料准确地运用于此面，使之各显奇妙，将“怪难调”变化为“怪好吃”，就是此面想达到的最终目的。

重庆鸡丝凉面（重庆）

做法

01 将面条入沸水锅内煮至断生即捞出，甩干面水放于案板上摊开，待冷却后加入麻油抖散备用。

02 老姜10克切成片，大葱切成节，下入锅中熬味后放入鸡脯肉煮至断生捞起，冷却后撕成丝。

03 大蒜捣成蒜泥、老姜10克捣茸后加入冷开水10克兑成姜蒜汁，葱切成葱花。

04 取一碗，将绿豆芽放入，然后放入面条。

05 将酱油、红油辣子、花椒面、糖粉、醋、红酱油、味精、鸡精、蒜泥、姜汁放入面条上后再放入胡萝卜丝、黄瓜丝，最后放入鸡丝，撒上葱花即成。

主料

碱水细面条150克，土鸡脯肉50克，绿豆芽50克，黄瓜丝50克，胡萝卜丝50克

调料

麻油10克，红酱油10克，老姜20克，大蒜5克，醋20克，白糖粉12克，红油辣子20克，花椒面2克，味精2克，小葱15克，大葱50克

小知识

常熟蕈油面是江苏常熟传统的特色面点，有“素中之王”之称。蕈是一种野生菌，而松树蕈则是常熟虞山的一种特产。用蕈油作为面“浇头”的蕈油面，鲜美异常，非一般蘑菇可比。

参考视频

常熟蕈油面（江苏）

做法

01 清洗松树蕈。

02 放蒸锅蒸 15 分钟。

03 锅中放底油烧热。

04 加入适量的菜籽油，热锅，小火熬松树蕈。

05 加少许盐调味，倒入盆中。

06 水开后加一点盐，放入面条煮。水开起来后倒入一小碗冷水。这样煮出来的面很劲道。

07 继续中火煮 1 分钟左右即可。中间多用筷子播散开面条。

08 煮好的面捞出沥掉多余的水分，放入准备好的汤底，再加上熬好的蕈油，加一些香葱末即可。

主料

面条 150 克，松树蕈适量

调料

菜籽油适量，精盐、生抽、香料各少许

银丝面以“洁白如银、纤细如丝、柔软滑爽、汤鲜味美”而著称。20世纪中叶，人们在制作生面条时，在面粉中直接加入鸡蛋清，再用细齿面刀轧制成洁白如银、纤细如丝的面条，故而得名“银丝面”。银丝面制作时，讲究“面、汤、哨、热”这四个字。下银丝面十分讲究，用猛火将锅里的水烧成“笃笃煎”，然后将面条投入滚烫的水，用长筷子一挑，面一浮，在滚锅中反复搅来搅去，不停滚动。待面煮得差不多，便用筷子一捞，夹进面篓，沥去面汤，往装有秘制鲜汤的碗里一盛。银丝面配料讲究，有黄色的蛋皮丝、红色的辣椒丝、绿色的香菜末、白色的土豆丝、黑色的木耳，各种颜色均匀地撒在碗里，滋味香而鲜美。

常州银丝面（江苏）

做法

01 将面粉放入面缸，中间扒窝，把食碱用清水溶化后倒入，加入鸡蛋清拌和，揉搓成雪花状面絮，15分钟后，再反复搋揉均匀，然后上面机轧制（双层2次，单层3次），在单层滚卷面皮时撒干米粉（防粘）。再用细口面刀（33厘米有30个齿口）滚轧成50厘米长的银丝生面条。

02 将味精、熟猪油、青蒜末放于碗中，铁锅置旺火上，锅内放清水烧沸，生面条分2次煮熟，碗内放入沸鸡清汤（150克），然后将面条均匀地捞入碗里，撒上胡椒粉即成。

主料

银丝面、蛋皮丝、辣椒丝、香菜末等各适量

调料

清汤适量、精盐少许

小知识

拨烂子，山西特色美食，流行于晋中地区，是一种粗粮食品。可用原料种类较多，有土豆、豆角、圆白菜、槐花等，一般是把面粉搅拌，放入锅中蒸熟再油炒后食用，也可以加西红柿辣酱搅拌后食用。面粉的选择也不拘泥于白面，可选用莜面、玉米面、高粱面等。

参考视频

炒拨烂子（山西）

做法

01 将土豆去皮洗净切丝。

02 拌入面粉，搅拌均匀后上笼蒸熟。

03 在炒锅内倒入花生油，放入葱，慢慢炒香。放入盐和花椒面炒匀。加入放凉后的拨烂子翻炒，炒熟。

04 可依个人喜好加入醋、辣酱，即可出锅食用。

主料

面粉、水各适量，土豆 500 克，鸡蛋 2 个

调料

食用油 50 克，葱 20 克，盐 3 克，十三香 4 克，蒜 5 克

小知识

扯面是山西省的传统面食，主要流行于山西南部，已有悠久的历史。山西扯面以永济扯面最为正宗。制作扯面最精彩的部分是手捏住两端一边拉扯一边不断敲击案板，扯到一定长度后将面条对折，重复上述动作，反复多次后扔入沸水锅煮熟捞出。扯面易于消化，老少咸宜，受到全国老百姓的认可。仅永济市就有 10 万从业大军，2 万家大小企业分布在全国各地。

扯面（山西）

做法

01 面粉中加入盐，混合均匀后加水揉成面团，顺一个方向将面团揉透，以便面团成筋，揉好的面团揪成小剂子。

02 取一大盘，盘上抹上油，将小剂子揉成圆柱状，依次摆放于盘中，表面刷上薄油，用保鲜膜包好，放置醒半小时以上。

03 取一小剂子，将其拍按扁，用擀面杖上下均匀稍擀宽，在中间部位横压一下。

04 两手揪住两端，在案板和空中借弹跳之力将面扯长，从中间部位开始向两端扯开薄膜，形成一圈封闭的面条，扯面即完成。

05 放入开水锅中煮熟，浇入卤料即可食用。

主料

面粉 400 克，水 215 克，盐 1/4 匙

调料

西红柿鸡蛋卤、小炒肉卤

小知识

打卤面是老北京传统名吃，特点是制作讲究，卤色红润，鲜香诱人，营养丰富。主要材料有煮熟的五花肉、口蘑、木耳、黄花菜、鹿角菜等。打卤时在猪肉汤中放入熟五花肉片、鹿角菜、口蘑、木耳、黄花，以淀粉勾芡，打上蛋花，加花椒油而成，称“汆儿卤”。面条煮熟后浇卤而成。

参考视频

打卤面（北京）

做法

01 热锅倒入适量食用油，炒干香菇丝。

02 再放入虾皮、五花肉片、竹笋丝、胡萝卜丝、黑木耳丝、金针菇及蒜泥炒香。

03 加入所有调料（大骨高汤、水淀粉除外），以水淀粉勾芡，加入蛋液拌匀即为打卤面汤头。

04 熟拉面加打卤面汤头，撒香菜、葱花即可。

主料

熟拉面、五花肉片各150克，香菇丝30克，竹笋丝50克，大骨高汤500毫升，泡发虾皮5克，胡萝卜丝、黑木耳丝、金针菇、蛋液各50克，蒜泥1大匙，香菜、葱花、食用油各适量

调料

盐、鸡精各1小匙，酱油、米酒各10毫升，白胡椒粉、水淀粉、香油各适量

小知识

大柳面是山东德州远近闻名的汉族传统名吃，属于鲁菜系，是德州宁津的三大名吃之一，因始于大柳镇而得名，有“金丝缠碗”的美誉。它源于二百多年前的乾隆年间，最初由大柳镇张家面铺首创，薪火相传到第五代，张连贵不断改进擀面技术，完善制卤工艺，招徒扩店，苦心经营。来宁津的人少有不吃它的。

德州大柳面（山东）

做法

01 将西红柿和鸡蛋炒成西红柿鸡蛋卤，长豆角和肉丁炒成肉丁豆角卤；将黄瓜切丝，胡萝卜咸菜末与酱咸菜切末备用。

02 将面条放入沸水中，煮熟后捞出装碗。

03 将西红柿鸡蛋卤、肉丁豆角卤、胡萝卜咸菜末、酱咸菜末、黄瓜丝、茄汁黄豆、熟白芝麻、芝麻酱、老干妈辣酱、陈醋、蒜泥分别装入味碟中。

04 将以上配料倒入面条中，拌匀即可食用。

主料

鸡蛋面150克，鸡蛋1个，肉丁10克，茄汁黄豆10克，酱咸菜3克，胡萝卜咸菜3克，黄瓜5克，熟白芝麻4克，长豆角25克，西红柿25克

调料

芝麻酱12克，老干妈辣酱8克，陈醋5克，蒜泥8克

小知识

台湾人喜欢吃面，喜欢把面条用各种方法烹饪，大面炒就是由粗油面炒制而成的台湾特色美食。

大面炒

做法

01 热锅，加入油葱酥油、酱油、鸡精与水煮开，放入粗油面拌炒均匀，盛盘备用。

02 把胡萝卜丝、洗净的豆芽、韭菜段放入沸水中汆烫至熟，捞出沥干备用。

03 把汆烫过的材料放在面上，最后加入肉臊即可。

主料

粗油面 200 克，豆芽 80 克，韭菜段 60 克，胡萝卜丝 20 克，水 100 毫升，肉臊适量

调料

酱油 1 大匙，鸡精少许，油葱酥油 1 大匙

小知识

大面是台中市的特色小吃之一，它是由“大面条”，加葱酥虾皮、碎萝卜干和韭菜拌着吃的一种面条，口感滑溜，面汤浓稠，而所谓的大面比一般黄面、白面都要粗；因大面下滚水煮熟后，面汤稠稠的，尝起来有点黏又不会太黏，还带着特殊的碱味，所以称作为“羹”，但与一般小吃里所谓的羹不同，一般为早餐主食。大面是面粉加碱后做出的一种特制粗面条，能够久煮不烂，吃起来有种特殊的味道，颜色为黄褐色至深褐色，其配置的小菜有油豆腐、猪皮、丸子、豆干、卤蛋等，口味相当独特。

大面羹

做法

01 热锅加入食用油，爆香部分红葱末，加入猪肉末炒散，加入酱油、米酒、白糖和500毫升清水煮开，再转小火煮40分钟，即为肉臊；另起油锅，加入剩余红葱末、虾米炒香，放入碎萝卜干、胡椒粉炒香，即为配料。

02 面条切段后煮熟至汤粘稠，加适量肉臊、配料、韭菜段，再添加少许陈醋即可。

主料

面条200克，猪肉末180克，红葱末30克，虾米10克，碎萝卜干100克，（烫熟）韭菜段80克

调料

酱油2大匙，米酒1小匙，白糖1/2小匙，胡椒粉、陈醋各少许，食用油适量

小知识

担仔面是台南最脍炙人口的小吃。它是在小碗内装少许面或米粉，浇上滚热的鲜汤，上置经过特殊调理的肉燥（将肉丝预先浸泡在香料中，达三个月以上），配以鲜虾、香菜，并掺上黑醋、胡椒而成，热气腾腾、香味扑鼻。因每碗分量很少，常使人有意犹未尽之感。

担仔面

做法

01 油面与洗净的豆芽、韭菜段放入沸水中氽烫至熟，捞出放入碗内。

02 鲜虾去虾线、去壳（尾保留）洗净，放入沸水中烫熟，捞出备用。

03 在面碗中加入肉臊、高汤、蒜泥、葱花、红葱酥、蒸鱼酱油拌匀，再放上烫熟的鲜虾、卤蛋和香菜即可。

主料

油面 150 克，鲜虾 1 只，卤蛋 1 个，肉臊 30 克，蒜泥、葱花、红葱酥各 5 克，高汤、韭菜段、豆芽、香菜各适量

蒸鱼酱油 15 毫升

滇味炒面

做法

01 韭菜择洗干净，切段；豌豆苗、豆芽洗净；面条放入沸水中煮至五成熟，捞出，控干；火腿洗净，切丁；猪肉洗净，切丝。

02 锅内倒入猪油化开，放入面条过油，捞出。

03 将辣椒油、酱油、盐、醋、甜面酱、鸡精调成味汁，备用。

04 锅内再次放入猪油化开，放肉丝、火腿丁翻炒，再放韭菜、豆芽、豌豆苗，加少许葱姜水，放入面条，加味汁调匀，翻炒面条至熟即可。

主料

面条 250 克，韭菜、豌豆苗、豆芽、火腿各 20 克，猪肉 50 克

调料

葱姜水、酱油、醋、甜面酱、猪油、盐、辣椒油、鸡精各适量

小知识

草鱼含有丰富的不饱和脂肪酸，对血液循环有利，常食可起到保护心脑血管的作用，是心血管病人的良好食物。草鱼含有丰富的硒元素，经常食用有抗衰老、养颜的功效，对肿瘤也有一定的防治作用；草鱼营养丰富，富含多种微量元素和多种维生素，对于身体瘦弱、食欲不振的人来说，是开胃滋补、增进食欲、强壮身体的滋补佳品。豆瓣酱是调味品中比较常用的调料，主要材料有蚕豆、黄豆等，辅料有辣椒、香油、食盐等。豆瓣酱属于发酵红褐色调味料，深受人们喜爱。

豆瓣鱼拌面

做法

01 草鱼洗净切块，加盐、味精、胡椒粉、淀粉拌匀，放热油锅中炸熟。青辣椒洗净切丁，葱切末，蒜去皮切片。

02 锅置火上，放油烧热，爆香葱末、蒜片，放入青辣椒丁、辣豆瓣酱炒匀，加炸好的鱼拌炒，再与煮好的面条拌食即可。

主料

面条 250 克，草鱼中段 1 块

调料

葱、青辣椒、蒜、辣豆瓣酱、盐、淀粉、胡椒粉、味精、植物油各适量

面艺绝活展新彩

2007 年 11 月 3 日，河南省汤阴县宜沟镇芦胜街村一位农民在观察挂面的品质。

农闲时节，河南省汤阴县宜沟镇芦胜街村 30 多户农民利用传统工艺，制作手工空心挂面。纯手工制作空心挂面要经过醒面、盘条、拉面、上架、甩面、晾晒等多道工序，面细如丝线，丝丝空心，堪称中华面食一绝。

新华社记者　朱祥 / 摄

小知识

大条面，古称尤溪大条面，是福建省三明市尤溪县著名的面食小吃。唐时传至日本演变成今天的乌冬面。因其面粗如筷子，尤溪人亦叫它为筷子面，因面条形状奇特，口感良好，深受广大百姓的喜欢。喷香可口诱人的大条面入口爽滑，很有嚼劲，口感柔嫩有韧性，一碗下肚，常让人意犹未尽。

宋人马永卿在《嬾真子录》中说："必食汤饼者，则世欲所谓长命面也。"就是说面条在当时已经成为祝福新生儿长命百岁的象征了。此习俗慢慢延续、演化，吃长命百岁面（长寿面）就成为生日的俗例了。

大条面（福建）

做法

01 高筋和中筋面粉各半，将一定比例的食用碱和食盐溶在水里，边搅边淋碱盐水，直到和成面团。发酵到一定时间，将面团放在专用面床搓揉，感到有一定韧性和弹力时，用手工拉至筷子粗细，放入沸水中焯熟。待面浮出水面，捞出放入冷水冷却后捞出沥去水分，常温凉至 2 小时以上待用。

02 将备好的面再次放入沸水烫至浮出水面，捞出加入香葱头爆过的食用油、香葱、酱油、食盐、米醋、味精拌匀即可。

主料

面粉适量

调料

香葱、酱油、食盐、米醋、味精各适量

小知识

在定西，有着这样一碗朴素无华的素面条，尤其在年关将至的冬日里，它往往能勾起无数漂泊在外的甘肃人的思乡之情，它就是浆水面。夏天的浆水，还常常被当作预防中暑的清凉饮料，直接饮用。陇中气候干燥，土地含盐碱过多，所以常食味酸性凉的浆水，不但能中和碱性，而且还可以败火解暑，消炎降血压。夏日常食有利健康。它含有多种有益的酶，能清暑解热，增进食欲，为夏令佳品。三伏盛暑，食之，不仅能解除疲劳，恢复体力，而且对高血压、肠胃病和泌尿系统疾病有一定的疗效。

定西浆水面（甘肃）

做法

01 浆水400克，细面条300克备用。

02 热锅放油，入花椒炸香，花椒可捞出，也可不捞出，留着可继续增加香味。

03 继续放入葱花、蒜片、干辣椒爆炒出香。

04 倒入浆水烧开，放适量盐调味后将炝锅的浆水盛入盆中备用。

05 另起一锅放适量多的水烧开，放少许盐和油，放入细面条煮熟，将煮好的面条盛入容器，浇入炝锅的浆水。

06 在浆水上面，放入腌制好的韭菜咸菜，搭配些许小菜，味道更佳。

主料

面条300克

调料

菜籽油1勺，精盐1勺，韭菜200克，干红辣椒5只，花椒10粒，蒜5瓣，小葱2根，浆水400克

小知识

鱼面和鱼包是源于广东东江流域一带的水乡特色美食，至今已有几百年历史，是广东省非物质文化遗产。鱼包皮及鱼面条主要是取材于鲮鱼最贴近脊骨处的幼滑鲜嫩部分，以刀或匙直接刮下鱼蓉，然后将鱼蓉搓打至起胶，直至韧腻透明，随后用棍手擀压成纸一样的薄片成鱼包皮或鱼面条的材料。鱼包的馅料则用上等半肥瘦的猪肉、腊肠、冬菇一起和鱼蓉等搅拌再略加酱油和精盐调味而成。东江鱼包鱼面以鲮鱼为材料纯手工制作，入口香甜爽滑，风味独特，餐后余味无穷。

参考视频

东江鱼包鱼面（广东）

主料

鲮鱼肉泥 250 克，猪肉馅 100 克

调料

盐，葱花，冬菇，陈皮，胡椒粉，姜汁调料各适量

做法

01 选秋后的鲮鱼，开肚除骨，用刀轻轻把鱼肉中最幼滑的部分一层层刮下来，经过反复搓打成鲮鱼肉泥。

02 制作鱼面：

A 将鲮鱼肉泥揉成团，切成两段，搓打至韧透明，富于弹性，再用擀面杖均匀地压成纸一样的薄片。

B 将擀好的鱼面切成约 1 厘米宽的面条。

03 制作鱼包：

A 把鲮鱼肉泥 250 克放进盘中，加入 200 克猪肉馅，加入盐、葱花、冬菇、陈皮、胡椒粉适量搅拌均匀，做成鲮鱼包的肉馅。

B 用手反复揉搓、摔打鲮鱼肉馅，至鲮鱼变粘、起胶。

C 用鲮鱼面皮把适量鲮鱼肉馅包住，包时特意留一条面尾巴，形体像鱼，又方便夹起。

04 煮鱼包鱼面：

A 锅里倒入适量清水煮沸，倒入鱼面，煮 30 秒捞起。

B 沸水中倒入鱼包，煮 2 分钟左右，鱼包浮起即可出锅。

C 把鱼包捞起倒入鱼面中，加入汤料即可食用，也可蘸姜汁调料食用，味道鲜美。

小知识

东阳沃面是金华东阳一道极富特色的美味小吃，以“糊口”著称，“一碗面，十种料”用料丰富，味道鲜美，自成特色，深受东阳人喜爱，也被当地人亲切地称为“熝（āo）面”。易消化吸收，又营养丰富，特别是热烫、味鲜、色彩丰富。东阳沃面是“熝”成的，熝成一个混沌意味十足的汤境，又在猪肚、河虾等食材的包容下，共同打造出一锅好汤，勾芡则利用了水淀粉的糊化作用，使沃面汤汁粘稠，让食材之“鲜”牢牢粘裹在面条上，口感滑利滋润。

东阳沃面（浙江）

做法

01 炒锅下猪油，依次放入腊肠、肚片、青菜稍炒，添入高汤烧开。

02 烧开后放入河虾、碱面，再次烧开，滚起后调入生抽、盐、鸡精熬煮至面条软烂。

03 最后下入鸡蛋丝，调入水淀粉勾芡，一边搅拌至面条糊状即可。

主料

一寸长的熟碱面 500 克，小河虾、熟猪肚片、鸡蛋丝、黑木耳、土猪腊肠、青菜各适量

调料

高汤、水淀粉、猪油、盐、生抽适量，鸡精少许

小知识

天回镇因唐玄宗而得名，天回镇的豆腐豆花也因唐玄宗的“豆腐比肉好吃”而闻名。20 世纪 70 年代，天回镇街上有很多挑着豆花卖的小商贩，这时有人突发奇想，将豆花打底，放入面的佐料（酱油、熟油辣子、花椒、葱花、酥黄豆、大头菜），再将面盛入其中，而后淋上肉酱，一碗热气腾腾、香味扑鼻的豆花面就诞生了，这也是民间智慧的结晶。

豆花面（四川）

做法

01 起卤。红苕粉用清水泡发待用。将清水 1000 毫升左右置锅中烧沸，下酱油、味精、精盐，再用水发红苕粉勾成二流芡。将豆花舀入锅中，转用微火保温。

02 定底味。将酱油、芝麻酱、花椒粉、红油辣椒和味精均分于碗内。酥黄豆、盐酥花生仁（去皮），用滚筒压成碎粒，大头菜切成黄豆大的颗粒，葱切成葱花备用。

03 煮制。用旺火沸水下面条，煮熟捞于定好味的碗中，再将卤汁豆花浇在面上，撒上已制好的酥黄豆、花生粒、大头菜粒、葱花即成。

主料

面条、豆花、红苕粉（干薯粉）、花椒粉、盐酥花生米、油酥黄豆、盐大头菜粒、葱花适量

调料

芝麻酱、红辣椒油、酱油、精盐适量

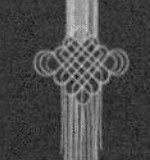

小知识

源于清乾隆年间，由东台籍宫廷御厨在东台传承制作，用鳝鱼骨、猪骨、鲫鱼一起吊出的鱼汤煮一碗面条，更是“汤白质浓似乳，面白均匀不腻；汤汁点滴成珠，面条根根滑爽；味道鲜美可口，营养极其丰富”，被誉为“百年面点”“一绝天下，味溢四海”，深受老百姓的欢迎。

东台鱼汤面（江苏）

主料

面条 160 克，鲫鱼、鳝鱼、猪大骨各适量

调料

白酱油、虾籽、葱花、精盐等各适量

做法

01 将鲫鱼、鳝鱼骨洗净，分别用食用油炸至金黄色捞出备用。将猪大骨洗净，焯水后，用油煸炒至香备用。锅中放水烧开，投入炸好的鲫鱼和鳝鱼骨，大火烧沸，待汤色转白后过筛，成为第一道鱼汤。

02 锅中放油，将过筛的全部鱼骨倒入铁锅内，用文火煸炒至香，加入第一道鱼汤，大火烧沸，再次过筛，成为第二道鱼汤。

03 用制作第二道鱼汤的方法熬制成第三道鱼汤过筛，然后将鱼汤下锅，加入煸炒好的猪大骨、绍酒、姜、葱，烧透再过筛，即成鱼汤。

04 将面粉加盐、蛋清、水揉成面团，擀成面皮，叠好切成粗细均匀，长短一致的面条。

05 锅中放水烧开，将面条下锅后，不要搅动，当其从锅底自然漂起后捞出，用凉开水冲一下，再入锅复烫即捞出。碗中放入白酱油和少许葱花、虾籽，将面条放入碗中，舀入沸滚的鱼汤，食前用白胡椒粉和精盐调味，即成鱼汤面。

小知识

丁丁炒面是新疆一道美食，面菜俱全，营养丰富。丁丁炒面的丁其实是用拉条子的条改刀的，其他配菜简单得很，和普通炒面大致相同。加上红椒、青椒，以及汤汁的颜色，非常地诱人，吸收了汤汁的丁丁炒面，口感有嚼劲。丁丁炒面集菜、肉、面于一体，由于味道鲜美、做法新颖、营养丰富，深受新疆各族人民的欢迎。

参考视频

丁丁炒面（新疆）

做法

01 温盐水和面，揉成传说中的“三光”，盖上保鲜膜松弛半个小时，中间的时候拿出面团揉一下，这样更加筋道。

02 面团擀成椭圆形，切成手指粗的面条，撒面粉滚一滚，面条抻成筷子粗细，切成面丁，再撒面粉滚一滚。

03 锅中入水，加小半勺盐，水开下面丁，煮至八成熟。

04 面丁捞起来沥干，倒少许油拌匀，防止粘连。

05 热锅凉油下羊肉片，中小火煸炒，直到水分炒干，加少许花椒粉、葱花姜末翻炒，加少许盐、酱油料酒，放西红柿酱煸炸，加洋葱，再倒入西红柿翻炒 2 分钟，炒至西红柿半汤半颗粒感，再下辣椒、蒜薹丁，炒到八成熟倒入丁丁面，加盐，锅边喷少许醋翻炒 30 秒即可。

主料

面粉、西红柿、羊肉、洋葱、青椒、蒜薹各适量

调料

盐、酱油、胡椒粉、红辣椒、花椒粉、醋各适量

小知识

豆豆面是新疆吐鲁番一道独有的特色美食，独特之处就在汤里有吐鲁番白豆，学名叫作短荚白豇豆，豆豆面汤清爽，面筋道，入口爽滑，鲜香浓郁，白豆嚼之有味，再撒上一撮揉碎的维吾尔花椒叶，吃起来格外提神。

豆豆面（新疆）

做法

01 把白豆煮至绵软备用。

02 新鲜羊骨加入生姜、洋葱，凉水下锅炖煮 2 小时，将熬制好的羊骨汤备用。

03 起锅倒油，先放入羊肉丁，水分炒干后，放入洋葱丁和西红柿丁翻炒，放入盐、鸡精、花椒粉，待锅内炒至菜香扑鼻，将煮好的羊肉汤放入锅中。

04 将手擀面煮熟放入碗中，再将提前煮熟的白豆放入碗中，加上调制好肉汤，再加入少许花椒叶，一碗清香扑鼻的豆豆面就做好了。

主料

手擀面 200 克，白豆 100 克，羊骨头 500 克，新鲜羊肉 50 克，西红柿 100 克，洋葱 50 克

调料

盐适、胡椒粉、鸡精、干花椒叶各适量

小知识

世界面食在中国，中国面食在山西。刀削面是山西美食最具代表性的名片之一，代表着山西淳朴厚重的面食文化。有诗云：“一叶落锅一叶飘，一叶离面又出刀。银鱼落水翻白浪，柳叶乘风下树梢。”山西刀削面因其风味独特，驰名中外。刀削面全凭刀削，因此得名。用刀削出的面，中厚边薄。棱锋分明，形似柳叶；入口外滑内筋，软而不粘，越嚼越香，深受喜食面食者欢迎。

参考视频

刀削面（山西）

做法

01 将面粉、水调制成水调面团，醒 30 分钟左右备用。将海参、鱿鱼改刀成小片焯水，熟鸡肉切成小片，葱切段。

02 猪油上火烧热，投入花椒、葱段炸出香味；将鱿鱼片、海参片、鸡肉片投入锅中略炒，加调味原料调拌均匀取出备用。

03 锅中放入骨头汤 2500 毫升烧开，将海参等物料放入调好口味，用水淀粉勾芡，鸡蛋打散，放入汤中即成三鲜汤卤。

04 取适量的面团，用手揉成长约 8—9 寸的圆柱形面团。一手持削面刀，一手托面团，用刀沿面团的外侧向里将其削入沸水锅中，煮 3 分钟左右即可出锅加卤食用。

主料

面粉、水适量，水发海参 100 克，水发鱿鱼 100 克，熟鸡肉 100 克，鸡蛋 100 克

调料

猪油 50 克，葱结 50 克，精盐适量，花椒 2 克，蒜瓣 5 瓣，味精 5 克，料酒、酱油、姜末各适量

小知识

刀拨面以传统的大刀拨面而闻名，大刀为特制而成，长40厘米以上，左右两边配把手，刀片上方挂着特制的铁环，在拨面的过程中发出叮叮当当的响声，尤为悦耳，更兼具保持平衡的作用。面条经过揉制、擀面的过程，劲道十足，加上大刀的最后一拨，粗细均匀、长度一致，在水中煮熟后，根根分明。配上卤料或是制作汤面，面香四溢，嚼头十足，一口难忘。

刀拨面（山西）

做法

01 将面粉、水调制成水调面团，醒30分钟左右备用。

02 鸡蛋打入热油锅，搅碎后推在一旁，再在锅内加入花生油，放入切好的葱花炒香，与鸡蛋混合。加入切成小块的西红柿翻炒，几分钟后，西红柿半熟，加入盐，翻炒出锅，倒在一个碗里备用。

03 取一块面团，用手揉均匀，然后平放于案板上，光面向下，用擀面杖向四周用力擀开，成3—4毫米的片状。

04 将加工好的面片三到四层放为一摞，用双手持特制的双把刀，从面片的外侧，背朝里，韧朝外，呈45度角用力拨出，使之成为宽窄一致的棱形状面条。

05 将加工好的面条，下入沸水锅中煮3分钟左右，捞出，加入西红柿鸡蛋卤即可食用。

主料

面粉、水适量，西红柿3个，鸡蛋2个

调料

花生油25克，盐4克，白糖5克，葱5克，姜3克，蒜3瓣

小知识

二节子炒面是新疆各族人都十分喜爱的一道面食，是在拉条子的基础上变化而来的，快捷方便、香气四溢。简单说就是拉条子切短一些为丁丁面，切寸段儿为节子，但是在做法上稍微有所不同，二节子面要粗一些，这样有嚼头，但都少不了西红柿、洋葱做配菜，面要用拉条子的面，肉类最好是羊肉，这才是最正宗的新疆炒面类。

参考视频

二节子炒面（新疆）

主料

面粉400克，清水约50毫升，羊肉100克，西红柿1个，小白菜2个，大蒜1瓣，辣皮子3个

调料

植物油、盐、花椒粉、胡椒粉、生抽、鸡精、香醋各适量

做法

01 温盐水和面，揉成传说中的“三光”，盖上保鲜膜松弛半个小时，中间的时候拿出面团揉一下，这样更加筋道。
02 面团擀成椭圆形，切成手指粗的面条，撒面粉滚一滚，面条扯成筷子粗细，切成二节子，撒面粉滚一滚。
03 锅中入水，加小半勺盐，水开下面丁，煮至八成熟，面捞起来沥干，倒少许油拌匀，防止粘连。
04 把小白菜洗净切段，西红柿洗净切小块、辣皮子泡泡洗净切末，大蒜切末，羊肉切丝。
05 汤锅加水，大火烧开，加少许盐，下二节子面煮开，煮到七成熟，捞起，过凉水，捞起沥干水分，加少许植物油拌均匀。
06 油热八成加羊肉丝翻炒出水分，加花椒粉翻炒均匀，辣皮子翻炒出辣味香味。
07 加生抽、西红柿翻炒出香味，加大蒜翻炒出香味，加小白菜、盐翻炒均匀，加鸡精、胡椒粉翻炒均匀。
08 加二节子面翻炒均匀，二节子翻炒到干香，加少许香醋翻炒均匀即可。

小知识

鹅肉鲜嫩松软，清香不腻，营养丰富。鹅肉含有人体生长发育所必需的各种氨基酸，其组成接近人体所需氨基酸的比例。鹅肉中的脂肪含量较低且品质好，不饱和脂肪酸的含量高，特别是亚麻酸含量均超过其他肉类，对人体健康有利，特别适合在冬季进补。

鹅肉面

主料

油面 200 克，熟鹅肉 100 克，姜丝少许，葱 1 根，高汤 500 毫升

调料

鸡精、盐各 1/4 小匙，胡椒粉、香油各少许

做法

01 葱洗净切葱花；熟鹅肉切片，备用。

02 将高汤煮开，加入鸡精和盐拌匀，备用。

03 煮一锅水，待水开后，放入油面拌散汆烫，立即捞起沥干，盛入碗中。

04 在面碗中放入葱花、鹅肉片、姜丝，淋入适量煮好的高汤汁，最后加入香油及胡椒粉增味即可。

小知识

打卤面是山西、山东一带的传统面食。打卤面做法多样，风味不一，用料也多种多样，随用料、做法不同，亦有不同风味。打卤面明显的特点就是做卤子，因为卤子要用来拌清水面条，所以要调的咸一些。做卤子的时候，芡汁要勾得恰到好处，既不能太稀，又不能太浓。

番茄鸡蛋打卤面

主料

韭薹 120 克，小番茄 120 克，鸡蛋 2 个，水发黄花菜 80 克，水发黄豆 50 克，鲜面条 700 克

调料

盐 2 小匙，白糖 1 小匙，胡椒粉 1/2 小匙，味精 1/2 小匙，干淀粉 2/3 大匙，酱油 1 大匙，葱、蒜各适量

做法

01 黄花菜择去硬根，切小段；番茄切丁，葱切末，蒜切片；韭薹切小段。

02 起油锅，油温升至六成热时爆香葱、蒜。

03 放入番茄丁，黄花菜丁、水发黄豆翻炒 2 分钟。

04 加足量水大火烧开 3 分钟。

05 干淀粉用少许清水化开，倒入锅内勾浓芡，加盐、白糖、酱油调味。

06 鸡蛋打入碗中搅打均匀，倒入锅中搅匀成蛋花，再放入韭薹段。

07 加味精、胡椒粉调匀，即成卤子。

08 另起锅加足量水烧开，放入鲜面条煮熟，捞入碗中，浇入卤子即可。

小知识

菠菜种子是唐太宗时期从尼泊尔作为贡品传入中国的。菠菜有“营养模范生”之称，它富含类胡萝卜素、维生素 C、维生素 K、矿物质（钙质、铁质等）、辅酶 Q10 等多种营养素。番茄起源中心是南美洲的安第斯山地带。番茄属分为有色番茄亚种和绿色番茄亚种。前者果实成熟时有多种颜色，后者果实成熟时为绿色。番茄的果实营养丰富，具有特殊风味，可以生食，煮食，加工番茄酱、汁或整果罐藏。

番茄猪肝菠菜面

做法

01 菠菜洗净，放入开水中焯透捞出，迅速放在凉开水中过凉，捞出沥水，切段。番茄洗净切片。猪肝洗净切片，用水氽一下，捞出沥水。

02 猪肝片入油锅炒散，加入葱丝、姜丝炒熟。

03 花椒入油锅炸香捞出，加入菠菜、番茄翻炒。

04 锅中倒入适量清水加少许鸡油烧开，下入面条煮熟，再放番茄、菠菜、猪肝，淋入香油、盐、酱油即可。

主料

面条 200 克，番茄 100 克，菠菜 50 克，猪肝 75 克

调料

花生油、花椒、盐、香油、鸡油、酱油、姜丝、葱丝各适量

福建炒面

做法

01 湿粗米粉放入沸水中煮约5分钟熄火，盖上锅盖让面条闷至软透再捞出。

02 墨鱼洗净汆烫后捞起，虾仁去虾线洗净，豆芽洗净备用。

03 热锅倒入食用油烧热，放入蒜末爆香，加入洗净的虾仁、汆烫过的墨鱼、猪肉片拌炒至肉变色。

04 再加入水、豆芽、洋葱丝、所有调料和煮好的粗米粉，大火快炒至汤汁收干即可。

主料

湿粗米粉150克，虾仁30克，墨鱼4片，洋葱丝10克，豆芽30克，猪肉片20克，蒜末10克，水100毫升

调料

酱油1小匙，南洋红酱油1小匙，盐1/4小匙，食用油适量

小知识

傻瓜干面，又称作福州干面、福州面，是流传于台湾的面食，其特色是只将煮熟后的面条加上葱花及油后，不加其余调味料即可上桌，而顾客再依自己的喜好随意加上醋、酱油、辣油等佐料。

福州傻瓜面

做法

01 将猪油倒入碗内，与盐一起拌匀。

02 将阳春面放入沸水中，用筷子搅动使面条散开，小火煮1—2分钟后捞起，将水分稍微沥干，备用。

03 将煮好的面装入盛有猪油的碗中，加入葱花，由下而上将面与调料一起拌匀即可。

主料

阳春面 90 克

调料

猪油 1 大匙，盐 1/6 小匙，葱花 8 克

小知识

豆腐乳，是中国流传数千年的特色民间美食，因其口感好、营养高，深受中国百姓及东南亚地区人民的喜爱，是一道经久不衰的美味佳肴。腐乳通常分为青方、红方、白方三大类。腐乳所含成分与豆腐相近，其中锌和维生素 B 族的含量很丰富，常吃可以补充维生素 B12。腐乳的蛋白质含量高且易消化吸收，所以被称之为“东方奶酪”。腐乳通常除了作为美味可口的佐餐小菜外，在烹饪中还可以作为调味料，做出多种美味可口的佳肴。如腐乳蒸腊肉、腐乳炖鲤鱼、腐乳空心菜等。

腐香拌面

主料

小黄瓜 1/2 个，洋葱（小）1/2 个，沙拉笋 50 克，豆干 100 克，绿豆芽 50 克，猪肉泥 100 克，生面条（细）适量，鸡高汤 150 毫升

调料

豆腐乳 15 克，甜面酱 1 大匙，酱油、米酒、水淀粉各适量

做法

01 洋葱洗净切粗末，豆干汆烫切粗丁，沙拉笋洗净切粗丁备用。

02 小黄瓜以盐搓揉后洗净，去籽切丝；绿豆芽洗净入开水中汆烫至熟，捞出备用。

03 将所有调味料混合拌匀备用。

04 热锅，倒入适量色拉油，放入洋葱花以中火炒软，加入猪肉泥炒至变色，再加入笋丁、豆干丁拌炒一下，倒入拌匀的调味酱，煮至入味，最后以水淀粉勾薄芡盛起。

05 将生面条煮熟，捞起沥干后盛入碗中，再将做法 4 的材料拌入，放上小黄瓜丝及绿豆芽即可。

小知识

腐竹又称腐皮，是一种汉族传统豆制食品。将豆浆加热煮沸后，经过一段时间保温，表面形成一层薄膜，挑出后下垂成条状，再经干燥而成。腐竹色泽黄白，油光透亮，含有丰富的蛋白质及多种营养成分，用清水浸泡(夏凉冬温)3—5 小时即可发开。可荤、素、烧、炒、凉拌、汤食等，味道清香爽口，深受消费者的青睐。

腐竹牛腩炒面

做法

01 广东炒面以开水烫软后捞出放凉；牛肋条切 3 厘米段后，以开水氽烫洗净；芥蓝菜洗净切 4 厘米段；炸腐竹以热水烫软冲凉；胡萝卜洗净切片、姜洗净切菱形片；葱洗净切段，备用。

02 取锅烧热后，加入 100 毫升色拉油，放入放凉的广东炒面，以小火慢煎，至两面酥脆后盛出沥油，置于盘中备用。

03 原锅放入姜片、牛肋条，加入豆瓣酱炒 3 分钟，再加入米酒、水以小火煮 30 分钟，续加入剩余的调味料与桂皮、八角煮15分钟，再加入胡萝卜片、炸腐竹煮 5 分钟，最后加入芥蓝菜煮 1 分钟后，以水淀粉勾芡，淋至广东炒面上即可。

主料

广东炒面 150 克，牛肋条 200 克，芥蓝菜 40 克，胡萝卜 30 克，炸腐竹 30 克

调料

豆瓣酱 1 小匙，米酒 1.5 大匙，蚝油 1.5 大匙，糖 1/2 小匙，酱油 1 小匙，水淀粉 1.5 大匙，姜 20 克，葱 1 根，水 600 毫升，桂皮 10 克，八角 3 粒

小知识

番茄肉碎焖伊面，又名“红棉花开庆国庆”，整体造型如木棉花绽放。有一种中西结合的感觉，番茄肉碎焖面酸酸甜甜的，口感偏软，很适合做早饭。

番茄肉碎焖伊面（广东）

做法

01 首先将干伊面飞水至淋身备用。

02 将番茄去皮一只番茄开 6 件。

03 将热锅放油把肉碎先炒香，然后放番茄和水煮约 3 分钟，然后将味料放番茄酱一齐调好，将伊面放入锅中焖至伊面干水上碟，撒上葱花即可。

04 最后将番茄切件在皮的最薄处起刀，切勿切断，花型摆碟边即可。

主料

伊面 300 克，肉碎 80 克，蟹籽 60 克，番茄一个（约 100 克），葱花 10 克

调料

茄汁 150 克，盐糖 8 克，食用油、水各适量

小知识

20世纪抗战期间，随着重庆成为“陪都”，数倍于重庆人口的外地人来到重庆，人口增多，每天生活必需的蔬菜、肉食、粮油的供应量也相应大量增加，当时，重庆地区几个屠宰场，猪杀后的上杂，猪肝、猪腰、猪舌等随猪肉运到城里出售，猪的下杂，猪肺、猪大肠、猪连贴包括猪血则留在当地自行消化，在消化的过程中，老重庆人利用各种烹制方法，创制了不少菜品，其中就包括受到广大市民喜欢的红烧肥肠。

清代文人钱泳在《履园丝语》中道：“凡治菜，以烹庖得宜为第一义，不在山珍海味之多，鸡猪鱼鸭之富也。庖人善，则化臭腐为神奇，庖人不善，则变神奇为臭腐。”

将红烧肥肠作为重庆面条的臊子，属于化腐朽为神奇的力作之一。

风味肥肠面（重庆）

做法

01 将猪大肠两面用盐、面粉揉转后清洗干净，然后剔去内壁上的油。

02 锅置火口上掺入清水，下白醋10克、白酒5克，放入大肠进行氽煮出水，氽煮过程中不时舀出原水掺入新水，直至将大肠氽煮断生捞起，然后用刀改成2.5厘米长的节。

03 郫县豆瓣剁细，老姜切成薄片，大葱切节。

04 锅置火口上，掺油烧至120℃，下入郫县豆瓣、糍粑辣椒姜片煵至色红出香成味汁。放入肥肠，下桂皮、八角、白芷、老扣、当归头、陈皮、白糖，用小火煨制30分钟，拣去香料、姜片成面臊子（此臊子可供10碗面用）。

05 芫荽切成4厘米长的节。

06 煮锅掺水烧沸，放入面条煮至熟透起锅挑入碗内，舀入原汤及肥肠臊子，撒上芫荽节即成。

主料

猪大肠1000克，碱水面条150克，窝笋尖100克，菜籽油50克

调料

郫县豆瓣30克，糍粑辣椒20克，食盐25克，醋15克，老姜30克，芫荽5克，大葱50克，桂皮2克，八角3克，白芷2克，老扣2克，当归头1克，陈皮2克，白糖2克，味精1克，酱油5克，蒜茸5克，红油辣子15克，花椒面1克，白酒10克，白醋20克

小知识

福山大面是山东名食，源于烟台市福山区，在明清时期已经盛行于胶东一带，并开始传入京津一带。因用拉面（又称抻面）的操作方法制成而得名。操作技艺复杂，经和面、溜条、拉抻而成面坯，沸水煮熟，浇海味三鲜卤、鱼片卤、大虾卤、鸡丝卤、蛤仁卤等。滑爽筋道，鲜香清口，独具风味。

参考视频

福山大面（山东）

主料

福山大面200克，黄瓜片10克，胡萝卜片10克，小油菜20克，木耳10克，香葱5克，香菜5克，五花肉片20克，葱、姜各50克

调料

食用盐4克，味精0.5克，鸡精3克，花生油100克，老抽2克，味极鲜2克，淀粉3克，高汤500毫升

做法

01 将面粉加碱、盐及水和成软硬适宜的软面团，醒30—120分钟。
02 将和好的面团在案板上搓成圆条后，用两手握住圆条的两端摔面，直至有筋性为止。
03 两手握住面的两头，虎口向上，将面上下抖动进行溜条，溜到软而不脆，并有筋力时即可。
04 将溜好的面放在案板上撒上面醭出条。
05 拉到最后一扣时将面条全部打断落入锅内。
06 将黄瓜、胡萝卜切象眼片，油菜切断，香葱、香菜切末，五花肉切片。
07 黄姜切成细末，凉油下锅，色泽微黄时及时捞出，必须小火慢慢搅动使之受热均匀。
08 五花肉切片，加入味极鲜、干淀粉拌匀，七成油温炸至金黄色即可。
09 水开锅后下面，用煮面棍搅动，这样面条不容易打结，使面条能够顺滑，煮3分钟即可出锅，过凉水、盛碗，碗内再放入焯过的黄瓜、油菜、胡萝卜、木耳再加入炸好的黄姜油、调料，然后加入炸好的五花肉、香葱、香菜。浇一勺高汤即可。

小知识

方城烩面是河南名吃之一。品正宗方城烩面，一观汤，二看面，三尝辣椒油。把面扯成宽如指、薄如纸、丈余长的面片，下入滚羊肉汤中，往锅内下一些青菜，两滚即熟。摆上海碗，加上羊肉臊子，放入少许味精，盛少许羊肉汤，捞入面片儿，再加上蒜苗、芫荽（通称香菜），加上鲜红的辣椒油，白者青白，红者艳红，汤鲜味美。

方城烩面（河南）

做法

01 先熬煮羊肉，把羊肉羊骨清洗干净后凉水入锅。

02 大火烧开煮出血沫，捞出清洗干净重新放入高压锅中，加入适量的清水，放入葱段、姜片、花椒、八角、料酒，盖好盖子压 30 分钟。

03 制作烩面的面胚。把食用碱和盐倒入温水中融化，面粉放入面包机中，将水倒入面粉中启动面包机的揉面功能 20 分钟，面团达到非常好的延展性。

04 盖上保鲜膜松弛 10 分钟，切成 7 份，盖上保鲜膜松弛 10 分钟，松弛好的面团擀成牛舌状，用竹签在中间压一道印，刷上一层薄薄的油放入抹过油的盘中。

05 整理好所有的面胚后盖上保鲜膜松弛 30 分钟以上。

06 取一个小锅倒入一人份的羊肉汤煮沸即可。

主料

面胚 200 克，羊肉 50—100 克，羊肉汤、青菜适量

调料

食用油、辣椒油、花椒、八角、料酒各适量

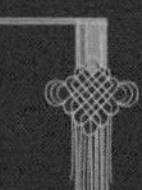

小知识

过油肉是中国传统菜肴，在山西、江苏、上海和浙江地区都有，从选料到制作上都与众不同，山西过油肉较为出名。“过油肉”一菜以油传热，因过油而名，火候对此菜最为重要，是成败的关键。操作时油温要求165℃左右，过油最佳，可使肉片达到平整舒展、光滑利落、不干不硬、色泽金黄的效果。

过油肉拌面

做法

01 将面粉用淡盐水和成面团，切成面剂子，刷上油，用保鲜膜包好，醒1小时；洋葱洗净，去老皮，切片；番茄洗净，去皮，切块；扁豆洗净，撕去筋膜，切开。

02 锅内入油烧热，下羊肉煸炒，加酱油、盐炒散，放入扁豆、洋葱、番茄翻炒，加白糖、番茄酱调味炒熟。

03 将醒好的面剂子做成面条，煮熟捞出，浇上炒好的菜即可。

主料

面粉250克，羊肉50克，洋葱、番茄、扁豆各30克

调料

盐、酱油、白糖、番茄酱、植物油各适量

小知识

韭菜营养丰富，味道也非常鲜美。韭菜的独特辛香味是其所含的硫化物形成的，这些硫化物有一定的杀菌消炎作用，有助于人体提高自身免疫力。蛤蜊韭菜一定要大火快炒，韭菜炒至断生即可，不要炒过，否则品相和口感会变差。

蛤蜊韭菜拌面

做法

01 花蛤蜊清洗干净，放入开水锅内煮至开口。
02 捞出蛤蜊，剥出蛤蜊肉，用清水洗净泥沙。
03 将煮蛤蜊的水过滤后倒入碗中，放入煮好的蛤蜊肉浸泡。
04 韭菜洗净切段，红尖椒切丁。
05 起油锅，放入韭菜略炒。
06 再放入沥干的蛤蜊肉和红尖椒丁，加盐快速翻炒至韭菜八成熟。
07 加胡椒粉及味精调味盛出。
08 鲜面条放入开水锅内煮熟。
09 捞出面条用凉水过凉，沥干水分后用香油拌匀。
10 面条盛入碗中，加上炒好的花蛤蜊炒主菜拌匀即可。

主料

花蛤蜊 500 克，韭菜 200 克，红尖椒 2 个，鲜面条 300 克

调料

盐 1/2 小匙，胡椒粉 1/4 小匙，味精 1/4 小匙，香油 1 小匙

小知识

伊府面简称“伊面”，是一种油炸的鸡蛋面，为中国著名传统面食之一，源于中原开封，后传入广东、福建、苏州等地。它以鸡蛋面条先煮熟再油炸，可贮存起来，饥饿时下水一煮即可吃，面色泽金黄，面条爽滑，汤浓味鲜，可加不同配料，炒制成不同风味的伊府面。

干烧伊面

做法

01 煮一锅沸水，将伊面放入煮至软后捞起、放凉。

02 韭黄洗净切段；干香菇泡软后捞起，洗净切丝备用。

03 热锅，倒入食用油烧热，放入水、所有调料、比目鱼粉、香菇丝及放凉的伊面一起拌炒均匀后，改中火煮至汤汁收干。

04 起锅前加入韭黄段稍微炒匀即可。

主料

伊面1块，干香菇30克，比目鱼粉1/2小匙，韭黄30克，水250毫升

调料

蚝油1大匙，酱油1/2小匙，盐1/4小匙，白糖1/4小匙，胡椒粉少许，食用油适量

小知识

怪味酱，是利用芝麻酱、花椒粉、酱料等食材做成的食用酱料。做法是将芝麻酱放入大碗中，先加入一小部分的凉开水，待芝麻酱和水搅拌均匀后，再加入一小部分的凉开水拌匀，重复此动作至水完全加入，混匀至芝麻酱完全吸收水分，再加入剩余调料搅拌均匀。

怪味鸡丝拌面

做法

01 将洗净的鸡腿、姜片和米酒放入沸水中煮至鸡腿熟透，泡入冰水待凉后剥丝备用。

02 怪味酱材料和高汤混合拌匀备用。

03 面条放入沸水中煮软，捞出沥干放入碗内，在上面放上鸡丝，再淋上拌匀的怪味酱，最后撒上葱丝、辣椒丝即可。

主料

面条 100 克，鸡腿 1 个，姜片 2 片，米酒 15 毫升，葱丝、红辣椒丝各适量，高汤 50 毫升

调料

葱末、姜末、蒜泥、红辣椒末各 5 克，蚝油 5 毫升，白醋、辣油、香油各 3 毫升，花椒粉 3 克，白糖、芝麻酱各 10 克

关东饺子面

做法

01 用半锅水将面煮熟，捞出后放入鲜虾烫熟。另一锅内放高汤烧开，加精盐调味后盛入大碗内，放入面条及烫熟的鲜虾。

02 另烧半锅水，水开后打入鸡蛋，煮成荷包蛋捞出。菠菜洗净，切小段，烫熟，捞入碗内。

03 放入白肉片，撒上葱花即可。

主料

拉面 300 克，鲜虾 2 只，白肉 4 片，菠菜 2 棵，鸡蛋 1 个，葱 1 根，猪骨高汤 1 大碗

调料

精盐适量

臊子面是中国西北地区特色传统面食、著名西府小吃，以宝鸡的岐山臊子面最为正宗。在陕西关中平原及甘肃陇东等地流行。臊子面历史悠久。其中也含有配菜如豆腐、鸡蛋等，做法简单。

关中臊子面（陕西）

主料

手擀面 200 克，猪五花肉 200 克，黑木耳 3 大朵，胡萝卜 1/4 根，韭菜 5 根，南豆腐（嫩豆腐）2 块，金针菜（黄花菜）15 根

调料

陈醋 1 大匙，生抽 1.5 大匙，老抽 2 小匙，辣椒面 2 小匙，盐 1/8 小匙，鸡精 1/4 小匙，白胡椒粉 1/8 小匙，香油 1 小匙，生姜 10 克，大葱 1 小段，大蒜 2 瓣，花椒 10 颗，高汤（或清水）1000 毫升，色拉油 3 大匙

做法

01 将金针菜、黑木耳分别用冷水浸泡 20 分钟，洗净后剪去根蒂，备用。

02 五花肉切成细丁，胡萝卜、豆腐切成小方块，金针菜、黑木耳切碎，韭菜切细段，姜、葱、蒜分别剁成末，备用。

03 炒锅烧热，加少许油，放入五花肉丁，小火煸炒至收干水分，加入姜、葱、蒜及花椒炒香，将肉块煸出油脂。

04 加入陈醋，小火煮约 2 分钟。

05 加入生抽、老抽、辣椒面，继续用小火煮 2 分钟。

06 加入小半碗水，继续用小火煮 10 分钟。

07 加入胡萝卜、豆腐、金针菜、黑木耳翻炒均匀，继续用小火煮 10 分钟。

08 加入所有高汤，调入盐、鸡精、白胡椒粉。

09 盖上锅盖，大火煮开，转小火煮 3 分钟后加入韭菜碎，淋入香油即成肉臊汤。

10 锅内烧开水，放入少量盐及色拉油，加入面条煮至水开，再加一次冷水，煮至面条八成熟。

11 将面条捞起放入大碗内，再倒入肉臊汤即可。

小知识

勾芡是借助淀粉在遇热糊化的情况下，具有吸水、粘附及光滑润洁的特点，在菜肴接近成熟时，将调好的粉汁淋入锅内，使汤汁稠浓，增加汤汁对原料的附着力，从而使菜肴汤汁的粉性和浓度增加，改善菜肴的色泽和味道。蚝油是广东常用的传统的鲜味调料，用蚝（牡蛎）熬制而成，蚝香浓郁，味道鲜美，营养价值高，亦是配制蚝油青菜、蚝油粉面等传统粤菜的主要配料。

广东炒面

做法

01 广东鸡蛋面放入沸水中煮至软后捞起，加入少许食用油拌开备用。

02 墨鱼片、虾仁、猪肉片、西兰花及胡萝卜片分别放入沸水中氽烫后捞起。

03 热锅倒入食用油烧热，放入广东鸡蛋面以中火将面煎至酥黄后沥油、盛盘。

04 重热油锅，放入做法 2 的材料及叉烧肉片略炒至香，倒入水及所有调料拌匀煮开。

05 以水淀粉勾芡，起锅淋在面上即可。

主料

广东鸡蛋面 150 克，虾仁 4 只，叉烧肉片、墨鱼片、猪肉片、胡萝卜片各 30 克，西兰花 5 朵，水 250 毫升

调料

蚝油 1 大匙，盐 1/4 小匙，食用油、水淀粉各适量

鲜味汤头

主料

猪骨600克，猪瘦肉500克，虾米50克，大地鱼50克，胡椒粒20克，水2000毫升

做法

01 猪骨瘦肉洗净氽烫备用。

02 大地鱼洗净后用烤箱以200℃烤15分钟，待凉后碾碎。

03 将做法1、做法2的材料与其余材料一起放入汤锅中，以小火熬煮约3小时后过滤即可。

广式馄饨面

做法

01 将面及青菜烫熟放入碗内备用。

02 将馄饨用开水煮约3分钟后捞起放在面上。

03 鲜味汤头加入调料A调味，倒入做法2的碗里，再将韭黄洗净切成小段撒上，最后滴上少许油即可。

主料

面150克，青菜适量，鲜虾馄饨4个，鲜味汤头500毫升，韭黄2根

调料

A 盐、味精1/2小匙，胡椒粉少许

B 色拉油少许

小知识

广式云吞面是广东地道小吃的一种，入选“中国十大名面”之一，广州特色美食。广式的云吞面在清朝同治年间由湖南传入，是一种云吞汤面，讲究汤底、面、云吞三者的融合。广州人爱吃云吞面，一碗上乘的云吞面，要有“三讲”：一讲面，必须是竹升打的银丝面；二讲云吞，要三七开肥瘦的猪肉，还要用鸡蛋黄浆有肉味；三讲汤，要大地鱼和猪骨熬成的浓汤。小小云吞面，承载着丰富的本地元素。

广式云吞面

做法

01 将拉面及洗净的青菜煮熟放入碗内备用。

02 将鲜虾云吞用沸水煮约 3 分钟后捞起放入面碗内。

03 鲜味汤头加入盐、鸡精、胡椒粉调味，倒入面碗里，再将韭黄洗净切成小段撒上，再滴上少许香油即可。

主料

拉面 150 克，青菜适量，鲜虾云吞 4 个，鲜味汤头 500 毫升，韭黄 10 克

调料

盐、鸡精各 1/2 小匙，胡椒粉、香油各少许

小知识

鲑鱼又称三文鱼，是深海鱼类的一种，具有很高的营养价值和食疗作用的鲑鱼肉因为含有虾青素所以呈橙色，是红肉鱼类，但有少量白肉野生品种。鲑鱼热食或冷食味道都极好，鱼头后面的鱼肉比鱼尾部的肉更加鲜美，鲑鱼可以用许多方式进行烹制。

鲑鱼面

做法

01 鲑鱼洗净，用滚水汆烫至熟，取出后用筷子剥成小片，将鱼刺去除干净。

02 高汤倒入锅中加热，再放入鲑鱼肉煮滚，加少许盐调味。

03 面条煮熟盛碗中，倒入鲑鱼肉汤，淋入香油即可。

主料

鲑鱼肉 50 克，面条 30 克，高汤 200 毫升

调料

盐、香油各适量

小知识

桂花酱是用鲜桂花、白砂糖和少许盐加工而成，可作为菜肴调味之用，色美味香。桂花中所含的芳香物质，能够稀释痰液，促进呼吸道痰液的排出，具有化痰、止咳、平喘的作用。山药，又名薯蓣，是薯蓣科薯蓣属植物，缠绕草质藤本。块茎长圆柱形，垂直生长。块茎富含淀粉，可供蔬食。入药能补脾胃亏损，治气虚衰弱、消化不良等。

桂花山药凉面

做法

01 取一汤锅，倒入适量的水煮至滚沸，放入山药以小火煮约 20 分钟，取出放凉。

02 将山药去皮、切小块，放入食物调理机中，倒入凉开水搅打呈泥状。

03 取一碗，倒入山药泥，加入桂花酱及所有的调味料拌匀，即为桂花山药酱。

04 食用前直接将桂花山药酱淋在熟面上，再加上个人喜好的配料即可。

主料

熟面 200 克，山药 150 克，桂花酱 1 大匙，凉开水 100 毫升

调料

盐 1/2 小匙，白醋 1 小匙

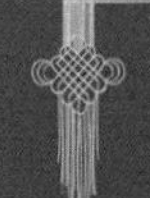

溆浦羊肉面是溆浦地区的传统名肴，以色泽红亮、浓香扑鼻、酥而不烂、油而不腻享誉杭、嘉、湖一带。羊肉面采用当地湖羊肉为原料，用文火长时间煨煮至极酥软，加入红酱油、红糖制成卤汁收膏即成，红汤香浓，让人唇齿留香。

溆浦羊肉面（浙江）

做法

01 以湖羊肉为原料，用时，取肉若干，剁成4两左右的块状洗净。

02 置铁锅内清水中，用木柴大火烧煮。

03 沥净浮沫，加黄酒、酱油和适量红糖白糖，猛火攻烧半小时左右。

04 用文火长时间启盖煨煮至用筷子能贯穿皮肉。

05 用文火焖煮至极酥软。

06 加红糖使卤汁收膏。

07 另外准备一口锅，锅中倒入清水煮沸。

08 取适量鸡蛋面放入锅中，待面条煮至八成熟盛入碗中。

09 取羊肉放置其中，将卤汁淋入碗中。

10 上桌时撒上蒜叶末。

主料

羊肉、鸡蛋面、蒜叶末各适量

调料

酱油、红糖、白糖、料酒各适量

小知识

重庆地区吃面的术语不少，有干溜、宽汤、带青、免青、红汤、清汤等，每一个术语代表一种面的形式，干溜具有面碗中无汤，调料、油脂能充分依附于面条上达到口味滑爽的特点，正是这些特点使干溜面成为讲究味道食客们的首选。

杂酱面自 20 世纪 30 年代在重庆问世以来，一直以炸酱作为称呼，随着时间的推移，发现有不少小面店将“炸”写成了“杂”，改动的原因在于“炸”与“杂”同音，叫惯了就认可了。还有，在杂酱面的调料中增加了辣椒、花椒、姜、葱、蒜等多种调料，重庆人将“多”与“杂”联系起来，叫“杂”也就顺理成章了。“炸”与“杂”的变化是重庆人爽快性格的体现。

参考视频

干溜杂酱面（重庆）

做法

01 猪肉洗净后切成 0.3 厘米的末。

02 炒锅置火口上掺入色拉油，烧至 140℃时放入五香料炒至出香后捞起，放入肉末炒至表层微酥，开始吐油时下甜酱炒至出香成面臊子（此臊子可供 10 碗素椒杂酱面使用）。

03 芝麻酱用麻油调散，大蒜、老姜捣成茸后用冷开水调成姜蒜汁水，小葱切葱花。

04 取面碗一个，将红油辣子、酱油、姜蒜汁水、花椒面、芽菜末、花生末、麻油、味精、鸡精、葱花放入。

05 面锅掺水烧沸，放入面条煮至熟透起锅，甩干面水后挑入碗内，舀入杂酱臊子即成。

主料

碱水面条 150 克，鲜猪前夹眉毛肉 500 克，植物色拉油 250 克

调料

酱油 8 克，甜酱 100 克，红油辣子 12 克，五香料 15 克，花椒面 1.5 克，芝麻酱 5 克，麻油 5 克，味精 1 克，鸡精 1 克，大蒜 5 克，老姜 5 克，小葱 5 克，油酥花生粒 3 克，芽菜 13 克，白糖 1 克

小知识

民国初期，古蔺老街上有一对叫旦子荣的夫妇，充分利用本地食材，将火食地海椒用仔母灰烧制、用本地豌豆配以落鸿调料，做成的豆汤面、素面。当时古蔺旦二娘豆汤面家喻户晓，人人赞美，几十年前在泸州美食就已榜上有名。

古蔺豆汤面（四川）

做法

01 在碗中加入盐，酱油少许，味精、醋适量，臊子油 40 克，谷海椒。

02 用一口锅烧水，水大开后放入古蔺水面，待面快起锅时倒 500 毫升高汤至碗中。

03 将煮好的面盛入碗中。

04 将熬制好的豌豆连熬制成的豆粉汤 50 毫升舀至面条上。

05 加入 50 克炒制好的臊子，撒入香葱上桌即可。

主料

水面 5000 克，豌豆 1000 克，臊子 2500 克，黄豆芽 500 克，老姜 250 克，火葱 700 克，大骨 2 根

调料

盐、猪油、酱油、醋、天厨味精、糊海椒、胡椒粉各适量，花椒 5 克，芽菜 200 克，甜面酱 200 克，豆瓣 200 克，渣海椒 250 克（可供 10 碗面使用）

小知识

广式三丝炒面是一道美味可口的粤菜名点，做法简单，色香味美，营养丰富，易于消化吸收，是岭南居家生活的常备面食。

广式三丝炒面（广东）

做法

01 煮一锅热水，水沸腾后加入全蛋面煮熟捞起备用。

02 火腿、葱切丝备用。

03 起热锅，倒入花生油烧热，先放入火腿肉丝、葱丝、豆芽翻炒少许时间。

04 再倒入全蛋面翻炒少许时间，加适量生抽酱油翻炒至有少许焦香味，再加少许麻油即可出锅。

主料

全蛋面 300 克，火腿肉丝 100 克，葱 50 克，豆芽 150 克

调料

花生油、生抽酱油适量

小知识

鸽子拌面是新疆库车的一道特色美食，也是新疆拌面中味道最“老道”、最具代表性的一种面食。库车小麦生长期长，面粉口感筋道，用库车面粉做成的“拉条子”更有嚼劲、更富弹性。把精心烹制的“鸽子肉”拌入“拉条子”之中，再将汤汁浇透整盘面，一份令人垂涎的鸽子拌面就做好了。

鸽子拌面（新疆）

做法

01 将面粉用清水加一点盐和成光滑的软面团，包保鲜膜醒 20 分钟。

02 乳鸽切小块，恰玛古、洋葱切片，菠菜、毛芹切段，洗净沥干水分备用。

03 将热锅加油，放入乳鸽爆炒 2 分钟，先后放入西红柿、恰玛古、菠菜、毛芹，加适量鸽子汤，放入食盐、味精、鸡精、白胡椒粉适量，炒熟备用。

04 将面盘成剂子，刷上油醒面。

05 煮锅入水烧开，将面拉成细面条，直接下锅煮熟并用筷子搅散。

06 将煮熟的面盛入凉水中过面后捞在盘子里，浇上炒好的菜即可。

主料

乳鸽半只，面粉 300 克，恰玛古 50 克，菠菜 30 克，洋葱 20 克，西红柿 30 克，嫩毛芹 20 克

调料

植物油、鸡精、味精、食盐、白胡椒粉各适量

小知识

干煸炒面是新疆少数民族的特色美食，也是新疆人午餐中最受欢迎的一道饭菜了。由韭菜、面、羊肉、辣皮子、芝麻制成，尽显新疆特色。做法和普通的面有些区别，味道也不一样，一个“煸”字就把面煸得香味四溢。

参考视频

干煸炒面（新疆）

主料

面粉 300 克，羊肉 150 克，韭菜 150 克，生姜 1 块，大葱 1 段，大蒜 4 瓣，辣皮子 4 个

调料

菜籽油、盐、海天酱油、花椒粉各适量

做法

01 面粉中加少许盐，和成软硬适中的光滑面团，醒面 30 分钟以上，切成长条上油，搓出长条，盘好放盆里，用保鲜膜盖好，醒面 20 分钟以上。

02 菜洗干净，辣皮子泡软，生姜切片，大蒜切片，大葱切斜段，韭菜切长段。

03 羊肉切片，羊肉片中加料酒、花椒粉、淀粉抓匀，腌制 10 分钟。

04 菜籽油稍多点，烧热后，加羊肉片翻炒至变色，捞出备用。

05 锅中留底油，加辣皮子、葱、姜、蒜炒香，加韭菜梗炒两下，加盐炒匀。

06 醒好的面拉细，然后绷在两手上，拉成拉条子。

07 煮锅加水，大火烧开，下拉条子，煮七成熟。

08 捞出过凉水，沥干水分，抹酱油拌匀，再用菜籽油拌均匀，防止粘连。

09 炒好的菜中，加面条翻炒均匀，出锅的时候再撒入一点蒜末，非常提味。

小知识

滚辣皮子凉面是新疆博州的一道特色美食，滚辣皮子凉面面条筋道，鲜香爽口。讲究的就是“鲜辣香”，凉凉的面、筋道的口感、辣的味道，一撮脆生生的黄瓜、韭菜和毛芹撒在上面，让人食欲大增。凉面的润滑、晶莹剔透，黄瓜、毛芹、韭菜的鲜嫩清香，加上调料辣鲜香兼备，多味调和，完全满足了味蕾的各种需求，而且还是一款营养丰富的绝佳夏季美食。

滚辣皮子凉面（新疆）

做法

01 将面粉用清水加一点盐和成光滑的软面团，包保鲜膜醒 20 分钟。

02 大葱、生姜、大蒜沥干水分切碎。

03 热锅倒入食用油，放葱姜蒜末，小火慢熬至焦黄色，放入泡发的辣皮子，再加入食盐、鸡精、味精、花椒。

04 将面盘成剂子，刷上油醒面。

05 将面拉成细面条，放入沸水中，煮熟后捞出装碗。

06 放黄瓜、毛芹、韭菜、炒制好的辣皮子，倒入汤汁，拌匀即可食用。

主料

切面 200 克，葱花 10 克，生姜 10 克，大蒜 10 克，干辣皮子 10 克，黄瓜 50 克，毛芹 50 克，韭菜、油泼大蒜各适量

调料

味极鲜、食盐、味精、鸡精、土豆生粉各少许

小知识

藁城宫面起源清朝同治、光绪年间，地方官吏进贡皇室，被封为宫廷贡品，亦称“宫面”。宫面以藁优小麦粉为原料，采用传承手工工艺制作，以筋道爽滑，晶莹剔透，耐火不糟的特点而名扬四方，是国家地理标志保护产品、河北省非物质文化遗产，探亲访友之佳品。

参考视频

藁城宫面（河北）

做法

01 时蔬洗净。

02 锅中加入面的 10—15 倍水。

03 水烧到沸腾，倒入宫面，煮 2 分钟左右至熟。

04 锅中加入时蔬、香油、盐、醋、姜丝调味。

05 用筷子捞至碗中，即可食用。

主料

宫面 50 克，时蔬适量

调料

盐、香油、醋、姜丝各适量

小知识

捞面是一种古老的特色传统面食品种，有1000多年的历史了，流行于河南等地区。此外，捞面也是广东人对拌面的地方语言名称，是指把面条沥干后加上酱料一起搅拌的食品，有时亦会加上一些配料食用。

蚝油捞面

做法

01 取锅加水烧沸，放入鸡蛋面以小火煮约半分钟，其间用筷子搅动面条，煮好后将面捞起备用。

02 将煮好的面条浸在冷水中摇晃数下，去除表面黏糊的淀粉。

03 将过好冷水的面再放入锅中煮，约1分半钟后捞起，稍沥干后放入碗中，加入红葱油拌匀。

04 用沸水将豆芽略烫一下，捞起沥干后置于面上，再将蚝油拌入面中即可。

主料

鸡蛋面100克，豆芽30克

调料

红葱油1小匙，蚝油1大匙

牛肉汤头

主料

牛肉120克，食用油20克，蚝油30克，白酒10克，老抽10克，白萝卜100克，清水适量

做法

01 将牛肉切成块或者厚片，油锅烧热后加入牛肉炒到变白，加入蚝油、老抽、白酒和清水上锅炖。普通锅需要炖2小时左右，高压锅只需要炖20分钟左右即可。

02 在炖好的牛肉中加入100克白萝卜块或白萝卜片稍炖，白萝卜酥软后，浇入煮好的面中即可。

红烧牛肉刀削面

主料

面粉125克，水100毫升，盐少许

做法

01 在面粉中加入盐，拌匀后加入水、揉成光滑的面团。由于面团含水量较小，可以揉一会儿盖上保鲜膜醒一会儿。反复揉、醒面团更容易达到光滑的程度。

02 趁面团较硬时，一只手托面，另一只手用锋利的刀把面团削成柳叶状的面片。

03 起锅水煮沸后，将刀削面散入锅中，待面浮起后捞出，加入汤卤即可。

小知识

红烧牛肉面是以牛腱肉、切面为主要材料制作的食物，口味鲜香，为中华传统面食。牛肉富含蛋白质，氨基酸组成比更接近人体需要，能提高机体抗病能力，对生长发育及术后，病后调养的人在补充失血、修复组织等方面特别适宜，寒冬食牛肉可暖胃，是该季节的补益佳品。

红烧牛肉面（重庆）

做法

01 将拉面放入沸水中煮约 3—5 分钟，其间以筷子略微搅动数下，捞出沥干备用。

02 小白菜洗净后切段，放入沸水中略烫约 1 分钟，再捞起沥干备用。

主料

拉面 150 克，红烧牛肉汤 500 毫升，小白菜适量，葱花少许

小知识

红烧肉是一道著名的大众菜肴，特点是肥瘦相间，香甜松软，入口即化。红烧肉的历史，大约可以追溯到公元5世纪。北魏贾思勰的《齐民要术》中记载了红烧肉的具体做法，这是目前传世文献中的最早记录。苏轼被贬黄州（今黄冈市）时，当地百姓过年有吃红烧肉的传统，大文豪遂做《猪肉颂》“黄州好猪肉，价钱如粪土，富者不肯吃，贫者不解煮。慢着火，少着水，火候足时它自美。每日早来打一碗，饱得自家君莫管。”一首，详细记录了红烧肉的做法。

红烧肉面

做法

01 木耳、香菇用温水泡发洗净，撕成片。

02 红烧肉切块。

03 宽面条煮熟，捞入碗中。

04 锅上火，加花生油烧热，放红烧肉、葱段、姜片爆香，加入酱油、绍酒、盐、白糖、鲜汤，下入木耳、香菇，旺火煮沸，再下入菜心稍煮离火，倒入面碗中即可。

主料

宽面条300克，红烧肉50克，木耳、香菇各30克，菜心20克

调料

盐、白糖、酱油、绍酒、鲜汤、葱段、姜片、花生油各适量

小知识

花生是我国产量丰富、食用广泛的一种坚果，又名“长生果”“泥豆”等。花生中含有25%—35%的蛋白，果实还含脂肪、糖类、维生素以及矿物质钙、磷、铁等营养成分，花生含有一般杂粮少有的胆碱、卵磷脂，可促进人体的新陈代谢、增强记忆力。

花生麻酱凉面

做法

01 汤锅加水煮开，放入细拉面煮熟，捞起沥干，并倒上少许食用油拌匀，且一边拌一边将面条以筷子拉起吹凉。

02 小黄瓜、胡萝卜（去皮）洗净切丝；花生芝麻酱加调料拌匀。

03 将油炸花生剥去外层薄膜，再用刀背将其碾碎放置碗中。

04 面条置于盘中，排上小黄瓜丝、胡萝卜丝，放上花生芝麻酱和花生碎粒即可。

主料

细拉面250克，小黄瓜1/2根，胡萝卜20克，油炸花生20克，花生芝麻酱3大匙

调料

盐、鸡精各1/2小匙，白糖、辣椒酱、陈醋各1/2大匙，白醋1大匙，香油、胡椒粉、食用油各少许

小知识

抄手是四川成都的著名小吃。以面皮包肉馅，主要特色是：皮薄、馅嫩、汤鲜。抄手同饺子的不同之处是包法不同，饺子是用圆面皮包而抄手则是用正方形面皮包。抄手的抄手皮用的是特级面粉加少许配料，细搓慢揉，擀制成“薄如纸、细如绸”的透明状。肉馅细滑爽，香醇可口。

红油抄手拌面

做法

01 将肉馅材料拌匀至粘稠出胶，放入冰箱冷藏 2 小时，取馄饨皮放入肉馅包紧。

02 面条入沸水锅煮软，捞出沥干，加入所有调料和热高汤拌匀；将馄饨放入沸水中煮熟，捞起沥干排入面碗内，撒上葱花、花生粉，淋辣油拌匀即可。

主料

面条 80 克，馄饨皮、葱花、花生粉、辣油各适量，热高汤 50 毫升

调料

陈醋 4 毫升，酱油 10 毫升，香油 3 毫升，芝麻酱 10 克，蒜蓉 3 克

肉馅材料

梅花猪肉末 300 克，盐 3 克，胡椒粉 4 克，香油 4 毫升，姜蓉 4 克

小知识

红糟产于福建省。在红曲酒制造的最后阶段，将发酵完成的衍生物，经过筛滤出酒后剩下的渣滓就是红糟，经人们“废物利用”做成食品添加物。红糟含酒量在20%左右，以隔年陈糟，色泽鲜红，具有浓郁的酒香味为佳。它具有降胆固醇、降血压、降血糖等功能，更有难能可贵的天然红色素，是珍贵的美味健康天然食品。

红糟酱拌面

主料

面200克，猪肉泥50克，葱花10克，姜末8克，凉开水40毫升

调料

红糟1大匙，香油1小匙，蚝油1小匙，糖1/2小匙

做法

01 先将红糟用凉开水调匀，再加入其余调味料搅拌均匀备用。

02 热锅，倒入色拉油烧热，先放入姜末、猪肉泥以小火炒约2分钟，再加入汆烫熟的面条煮至汤汁收干后捞起装碗。

03 将做法1的酱料倒入做法2的碗中，再加上葱花拌匀即可。

小知识

胡萝卜原产于中亚细亚一带，已有 4000 多年历史。汉朝张骞出使西域，将胡萝卜带回内地，从此在我国各地扎根繁衍。胡萝卜的营养成分极为丰富，含有蔗糖、淀粉、胡萝卜素、维生素 B1、维生素 B2 叶酸及钙等多种矿物元素。

胡萝卜面

做法

01 胡萝卜洗净切片，入沸水中烫至变软，留少许待用，其余捣成蓉，挤出胡萝卜汁（或放入榨汁机中，加水打成胡萝卜汁），加适量清水搅匀，倒入面粉中和成面团，用擀面杖擀成薄面片，切成面条。

02 西兰花洗净，切成小朵，焯熟。

03 锅上火，加清汤、盐、胡椒粉烧沸，下入胡萝卜汁面，煮熟，加入西兰花、胡萝卜片，捞出装碗即可。

主料

面粉 300 克，胡萝卜 250 克，西兰花、清汤适量

调料

盐、胡椒粉各适量

小知识

茴香菜又名小怀香，又称香丝菜，茴香的果实，茴香可以做香料，其根、叶以及果实都可以入药。

黄豆富含营养，有“植物肉”“绿色乳牛”的美誉。除了蛋白质之外，还有一部分脂肪，它的脂肪中含有大量的不饱和脂肪酸，比较容易被肠胃消化，还可以降低人体对胆固醇的吸收，保护人的心脑血管系统的健康。黄豆中的膳食纤维则是人体中的“清洁工”，它可以把难以消化的食物变软从而易于分解，促进人的肠道蠕动。

黄豆茴香炒面

做法

01 大蒜切成片。茴香洗净，切成 1 厘米长的段。

02 锅内放入足量的水烧开，下入面条煮至八成熟。

03 将面条捞出，用清水冲凉后控干水，再放入香油拌匀。

04 起油锅，爆香蒜片，放入水发黄豆翻炒 1 分钟。

05 再放入茴香，加盐翻炒至茴香变色，加入 30 毫升水，加盖焖 2 分钟，使茴香变软。

06 放入面条，大火翻炒 1 分钟，加鸡精调匀即可。

主料

鲜面条 300 克，茴香 100 克，水发黄豆 50 克

调料

盐 1 小匙，鸡精 1/2 小匙，香油 1 小匙，大蒜 2 瓣

小知识

红烧牛肉所具备的香气浓郁，色泽棕红、质地柔软、口味醇厚的特色，使其受众面更广，重庆人、外地人均对此面赞誉有加，很快，红烧牛肉面便成为重庆地区小面店必供的“打门锤”臊子面。

红烧牛肉面

做法

01 将牛肉洗净，反复用清水漂净血水后，放入沸水锅中氽至断生捞起，用清水洗净浮沫（氽牛肉的原汁保留），然后切成2厘米见方的块。

02 郫县豆瓣剁细，老姜洗净后切成片。

03 炒锅置火口上掺入菜籽油、猪化油、牛化油烧至160℃时下干辣椒、花椒煵香后捞起，下豆瓣、糍粑辣椒、姜片煵至色红出香，然后下香料炒转，掺入原汁，放入牛肉块用小火煨至牛肉软后下白糖、味精、鸡精成面臊子（此臊子可供8碗牛肉面使用）。

04 将芫荽洗净切成4厘米长的节。

05 面锅掺水烧沸，放入面条煮至熟透起锅挑入碗内，舀入带汁牛肉臊子，撒上芫荽节即成。

主料

黄牛肋肉1000克，碱水面条150克，菜籽油100克，猪化油50克，牛化油50克，芫荽5克

调料

郫县豆瓣60克，糍粑辣椒30克，八角5克，山奈2克，桂皮2克，香草2克，陈皮2克，十里香1克，茴香1克，大红袍花椒粒3克，干辣椒5克，老姜50克，味精2克，鸡精2克，食盐5克，白糖5克

上海:“面世界”亮相豫园

2012 年 7 月 25 日，海派拉面师傅陆琪在进行拉面表演。

当日，上海豫园金字招牌之一——老城隍庙小吃将其保留的上百种全国各地的特色面点和世界各地的面食荟萃一地，让中华名小吃和洋拉面同台“竞技”，打造风格多样、富有创意的“面世界”。

新华社记者　刘颖 / 摄

小知识

扬州煨面早在清代就风行于市，林苏门在《扬州竹枝词》中以“三鲜大连”为题放歌行吟：“不托丝丝软似绵，羹汤煮就合腥鲜。尝来巨碗君休诧，七绝应输此盎然。”三鲜即鸡、鱼、肉；大连，大碗面。用平实的语汇来解释，就是用鸡、鱼、肉做浇头的大碗宽汤煨面。

黄鱼煨面

做法

01 黄鱼洗净，去骨去皮切小块；小白菜洗净。

02 黄鱼块加入所有腌料拌匀，腌 10 分钟。

03 鲜鱼汤煮沸，放入鱼块及竹笋片，再放入所有调料，转小火煮约 1 分钟。

04 细拉面放入沸水中氽烫 1 分钟，捞出沥干，放入汤锅，放入洗净的小白菜煮开即可。

主料

细面条 150 克，黄鱼 1 条，竹笋片 40 克，鲜鱼汤 600 毫升，小白菜 50 克

调料

盐 1/2 小匙，胡椒粉 1/4 小匙

腌料

盐、胡椒粉各 1/4 小匙，蛋清、淀粉各 1 小匙

小知识

回锅肉起源于四川农村地区，四川地区大部分家庭都会制作。所谓回锅，就是再次烹调的意思。回锅肉一直被认为是川菜之首，川菜之化身，提到川菜必然想到回锅肉。它色香味俱全，颜色养眼，是下饭菜的首选。

回锅肉炒粗面

做法

01 粗拉面放入开水中煮3—4分钟后捞出摊凉、剪短；梅花肉洗净放入电锅蒸10分钟，待凉切片；圆白菜洗净切片；胡萝卜洗净去皮切片；青椒洗净切条；蒜苗洗净切斜切薄片，备用。

02 取锅烧热后，倒入色拉油1.5大匙，放入蒸好的梅肉片，炒至表面略焦，再放入圆白菜片、胡萝卜片、青椒片与蒜苗片，与剪短的粗拉面，以大火炒2分钟。

03 锅内加入所有调味料，炒至干香收汁即可。

主料

粗拉面250克，梅花肉120克，圆白菜30克，胡萝卜20克，青椒20克，蒜苗20克

调料

辣豆瓣酱1小匙，蚝油1小匙，酱油1/2小匙，糖1/2小匙，香油1小匙

小知识

公仔面是香港著名的方便面品牌，20 世纪 60 年代末公仔面面市时，以 3 分钟可以煮熟为由，迅速为香港人接受，公仔面亦成了香港人称呼方便面的代名词。

火腿鸡丝炒面

做法

01 公仔面加入开水中烫 3 分钟，捞出摊凉、剪短；鸡腿肉洗净切丝加入腌料抓匀静置 10 分钟；洋葱、火腿切丝；韭菜洗净切段，备用。

02 取锅烧热后，加入 1 大匙色拉油，放入腌鸡肉丝炒至变白，再放入洋葱丝、火腿丝及所有调味料。

03 锅内放入剪短的公仔面条，以小火拌炒 2 分钟，最后加入韭菜段拌炒数下即可。

主料

公仔面 2 个，鸡腿肉 80 克，洋葱 30 克，火腿 2 片，韭菜 3 根

调料

蚝油 1 大匙，盐 1/4 小匙，糖 1/2 小匙

腌料

盐 1/4 小匙，淀粉 1/2 小匙，米酒 1/2 小匙，胡椒粉 1/4 小匙

小知识

火腿是中国传统特色美食。原产于浙江金华，现以浙江金华、江苏如皋、江西安福与云南宣威出产的火腿最有名。其中金华火腿又称火膧，具有俏丽的外形，鲜艳德色泽，独特的芳香，悦人的风味，即色、香、味、形“四绝”而著称于世，清时由浙江省内阁学士谢墉引入北京，被列为贡品。

火腿鸡丝煨面

做法

01 土鸡腿肉洗净切丝，加腌料腌 15 分钟。

02 热油锅将鸡肉丝炒至变白，放入冬笋丝、火腿丝略炒，再放绍兴酒、鸡汤、盐、胡椒粉，转小火煮约 10 分钟。

03 将细拉面放入沸水中氽烫约 1 分钟，捞起放入锅中，小火煮约 4 分钟，放入洗净的芥蓝，煮沸后熄火即可。

主料

细拉面 150 克，去骨土鸡腿肉 80 克，冬笋丝 50 克，火腿丝、芥蓝各 30 克，鸡汤 500 毫升

调料

绍兴酒 1/2 小匙，盐少许，胡椒粉少许，食用油适量

腌料

盐 1/4 小匙，绍兴酒 1/4 小匙，淀粉 1/2 小匙

小知识

集美俗称“浔尾社”，早年是个渔村，东面(浔江)、南面(高集海峡)、西面(旧称银港，杏林湾水库）都有广阔的浅滩，自古以来盛产海蛎（又称蚝、蚵)，因在深滩处放置成行的蚵石堆砌成行被人称为“蚵都”。每年清明、谷雨、立夏季节蚵苗附石，潮起潮落，一路成长。集美的海蛎品种独特（传说有7耳，而其他地方的大都是5耳)，味道鲜美，肥又甜美，备受消费者喜爱。厦门蚝贩叫卖时多喊着“浔尾蚵仔”以标示其为上等好的海蛎。

“蚵仔咸”“蚵仔粥”“蚝仔仁汤”都是常见的做法，其中海蛎面线独具特色。闽南民间有句俗话：“蚝仔煮面线，好人来相伴；蚝仔面线兜，好人来相交。”讲述的正是海蛎面线。厦门手工面线制作历史悠久，还曾经出口到港澳和东南亚各地。手工面线耐煮，有嚼劲不容易煮烂，又有独到的香气和口感。海蛎的鲜美味加上面线的清香，滑顺可口、开胃，营养又丰富。

参考视频

海蛎面线（福建）

做法

01 选用本地特产珍珠蚝，用少许盐搅拌后，清水洗净并沥干待用；热锅冷油下干葱头炸至金黄色捞起备用，青蒜切斜节。

02 爆香姜丝加入大骨清汤烧开，将洗净的海蛎加入地瓜粉拌匀，顺时针方向依次放入大骨汤中用小火定型，再用大火烧开。

03 挑选优质手工面线，粗面线为佳；将面线对折后放入骨汤中和海蛎一起煮5分钟，并加入盐、味精、糖调匀，起锅后撒上胡椒粉、葱头油、蒜苗节即可。

主料

新鲜海蛎（石头蚝）200克，面线100克，大骨清汤500毫升，地瓜粉35克

调料

姜丝5克，青蒜15克，干葱油30克，精盐2克，味精3克，糖2克，胡椒粉1克

小知识

海宁蟹面远近闻名，深受周边食客的青睐。蟹面采用的是梭子蟹或青蟹，用猛火急炒，再用酱油提味，加上本地特色的碱水面，既有本地特色的浓油赤酱，又没有掩盖掉梭子蟹的鲜美，吸引了不少杭州、上海的老饕。

海宁蟹面（浙江）

做法

01 梭子蟹清洗干净，锅烧热，放入适量猪油。
02 姜切瓣放入锅中，蟹剥去壳，对切入热锅。
03 小火改大火，翻炒蟹肉至金黄，加适量酱油、料酒、蒜末、白糖，大火翻炒，加适量开水煮至沸腾。
04 取适量碱水面放入沸腾的锅中，大火煮 2 分钟左右，加适量鸡精提味。
05 将碱水面捞出至碗中，将锅中的蟹肉继续翻炒收汁后装入碗中。还可根据自己口味加入适量调料。

主料

梭子蟹、碱水面各适量

调料

葱、蒜泥、姜、猪油、酱油、白糖、料酒、鸡精各适量

小知识

汉中梆梆面源于旧时汉中，小贩沿街叫卖梆梆面，多使用木制梆子敲打面条，取其梆梆之声，故名梆梆面。传统的梆梆面薄如纸片，光韧十足，讲究的是“一张纸，切成线，下到锅里莲花转”。其味酸辣鲜香，利湿暖胃，吃起来很光滑、柔软，有筋性，风味特别。

参考视频

汉中梆梆面（陕西）

做法

01 将猪大骨、鸡骨漂水后，加大葱、生姜，小火慢熬 3 小时以上。

02 将面粉用水和成硬面团，醒 5 分钟后盘揉，用擀面杖擀成极薄的面片，切成韭菜叶宽的面条。

03 炒锅置火上倒入菜籽油，加入草果、大香、白扣、花椒少许等，再加入大葱、生姜慢火炸制，五成热油，放入辣椒面，制成辣油。

04 锅内放入水，加草果、大料、大葱、生姜，加蘑菇酱油、醋（水、酱油、醋比例为 10：1：1.5）熬醋汁。生姜捣成汁、大葱切成葱花、香菜少许切碎、放在碗内，加熬醋汁、精盐、辣椒油、胡椒粉，加入骨头汤。

05 锅内烧开水后，将面条下入锅中，煮 3 分钟，捞入调好料汁的碗中，梆梆面即成。

主料

面粉、骨头汤

调料

草果、大料、辣椒油、葱花、生姜、香菜、盐、胡椒、蘑菇、酱油、醋各适量

“一碗豆花饭，赶早不赶晚”“家里头来稀客，推豆花蒸烧白”“河水豆花吃热烙，舀饭都是冒儿沱”……从这些耳熟能详的民谣中可以看到河水豆花与重庆老百姓已经结下了不解之缘。

在重庆，河水豆花配米饭历来都是“标配”，用河水豆花与面条搭配，会是一种什么样的感觉？答案为“绝配”，因为重庆小面和重庆河水豆花都以其自身的魅力在市场上占有率很高，它们都是大众化消费的主力军，能在吃一碗面的同时享受到河水豆花之美，那真的是绝了。这种“绝配”是重庆人想吃就吃、吃得安逸的又一个创举。

参考视频

河水豆花面（重庆）

做法

01 黄豆洗净后用清水泡 5 小时，然后加水磨细后用纱布过滤成豆浆。

02 将豆浆烧沸后，勾入泹水推转，待凝固后用刀在锅中划上几刀至锅底，压上筲箕，使部分窖水溢出，形成豆花。

03 榨菜洗净切成末，油酥花生铡成末，大蒜剁成末，老姜剁成末，小葱切成葱花。

04 取一碗，将红油辣子、花椒面、榨菜末、大蒜末、老姜末、葱花、酱油、味精、白芝麻放入。

05 煮锅掺水烧沸，放入面条煮至熟透捞于碗内，舀入豆花，撒入榨菜、油酥黄豆、花生末、葱花即成。

主料

黄豆 500 克，泹水适量

调料

红油辣子 22 克，花椒面 2 克，榨菜 10 克，酱油 8 克，味精 2 克，麻油 5 克，大蒜 5 克，老姜 5 克，小葱 15 克，油酥花生米 8 克，油酥黄豆 5 克，白芝麻 3 克

小知识

善用麻辣系渝菜调味的精髓。"糊辣"味为其中之一，"糊辣"即采取一定程度的油温将干辣椒、花椒脂溶脱水至恰到好处，使其焦化后产生出奇特的糊辣壳香和麻香，并产生辣而不燥、麻而不苦的调味效果。

鸭血与"糊辣"碰撞后，麻香、辣香便通过鸭血这个载体得到了充分的显示，"糊辣"再加上酸菜助力，味道就更加别致了。鸭血本廉价之物，但成了臊子价值就提升了，可谓"山不在高，有仙则灵，料不在贵，味佳则行"。

糊辣酸菜鸭血面（重庆）

做法

01 锅置火口上，掺入清水，放入鸭血，下盐 2 克，用小火将清水逐步烧热至鸭血熟透后捞于冷水中浸漂，冷却后改成块状。

02 酸菜洗净改成 2 厘米长的小节，大蒜切成薄片，老姜切成末。

03 净锅置火口上，掺入猪化油烧至 140℃，放入酸菜、蒜片、姜末，炒至出香掺入鲜汤，烧沸熬味后放入鸭血，下味精 1 克，鸡精 1 克。

04 净锅掺入色拉油烧至 180℃，先放入干辣椒节炝出香味，再放入花椒炝出香味后，起锅连油一齐淋于酸菜鸭血锅中（此臊子可作为两碗鸭血面使用）。

05 取一碗，将酱油、味精 1 克放入。

06 煮锅掺水烧沸，放入面条煮至熟透捞于碗内，舀入酸菜鸭血即成。

主料

鲜鸭血 250 克，碱面条 150 克，酸菜 30 克，鲜汤 50 克，色拉油 30 克，猪化油 25 克

调料

干辣椒节 10 克，干花椒 5 克，大蒜 10 克，老姜 5 克，酱油 8 克，食盐 3 克，味精 2 克，鸡精 1 克

小知识

回锅肉因先煮后炒，两次入锅烹制而得名。回锅肉的受众程度极高，享有“天字家常第一菜”的殊荣。

由于回锅肉成菜后所呈现的形似灯盏，色泽红亮，质地柔软，咸鲜微辣，略带回甜，香气浓郁的鲜明特色而成为老百姓日常生活中“打牙祭”必不可少的菜肴。有人曾这样形容回锅肉，“家居回锅肉，质味色皆宜，流淌朴素美，慰藉思乡情，梦牵此肴香，夜醒无数回”。回锅肉与面条的完美邂逅，呼之欲出的是舌尖上的快意。

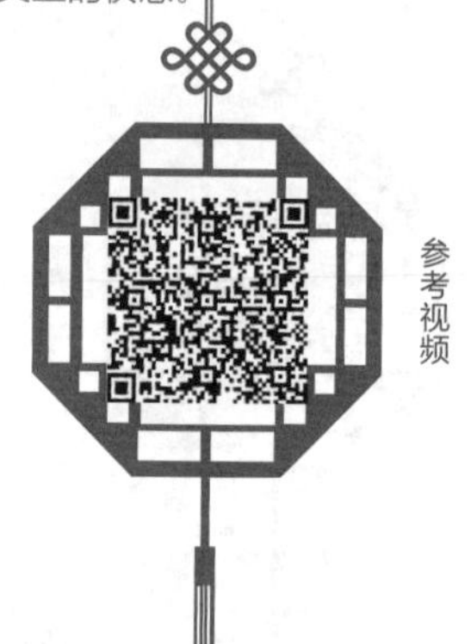

回锅肉面（重庆）

做法

01 将肉燎皮后刮洗干净，放入沸水锅内煮至断生取出，按横筋切成 4 厘米长，2 厘米宽，0.2 厘米厚的片。

02 蒜苗用斜刀切成 4 厘米长的节，甜椒切成菱形片，大蒜切成薄片，姜切成薄片。

03 豆瓣剁细用少量油调散。

04 锅炙后置火口上，掺油烧至 150℃，放入肉炒至卷缩吐油时烹入料酒，下姜片炒香，下豆瓣、蒜片炒至色红出香，然后下甜酱、白糖、味精、鸡精炒转，放入蒜苗，炒至断生起锅即成（此臊子可供 5 碗回锅肉面使用）。

05 取一碗，将酱油、味精放入。

06 煮锅掺水烧沸，放入面条煮至熟透捞于碗内，舀入回锅肉即成。

主料

碱水面条 150 克，带皮猪三线肉 300 克

调料

郫县豆瓣 25 克，甜酱 10 克，料酒 10 克，白糖 3 克，食盐 1 克，味精 1 克，鸡精 1 克，老姜 15 克，大蒜 15 克，鲜红甜椒 50 克，大葱 15 克，混合油 50 克

小知识

河南以面食为主，烩面是河南面食中的灵魂，每一个来到河南的人都无法忽略烩面的存在。中原大地上的人们把吃面的智慧衍生了千年。而烩面的最终归宿便是河南人的一日三餐，越是平淡的味道，越是让人难以忘怀。一声“中”，道出的是肺腑里的三魂七魄，一碗烩面暖的是心和胃，就是这样一碗简简单单的烩面，已成为河南餐饮的一张名片。

参考视频

河南烩面（河南）

做法

01 锅选用半岁小山羊骨配以花椒、八角、香叶、当归等多味调料熬制 6—8 小时，熬成浓白羊肉鲜汤备用。

02 选用高筋小麦粉，通过三揉三醒，精制成纯手工的高筋面片备用。

03 将面片反复拉抻，取鲜汤下主料，将拉制好的面片下入鲜汤中，煮制 3 分钟。

04 最后将煮好的面盛入碗中，添上鲜汤，放入煮好的鹌鹑蛋、少许香菜、枸杞即可。

主料

羊肉鲜汤 500 毫升，高筋面片 200 克，羊肉 40 克，粉条 25 克，千张 20 克，黄花菜 15 克，木耳 20 克，鹌鹑蛋 2 个

调料

羊油、香油、盐、味精、香菜适量

小知识

淮安盖浇面发端于北宋，当时南方漕船至末口入淮，须人工盘过北神堰，“船一靠岸，千车万担”，近三万扛工纤夫多是淮河北岸壮劳力，既合淮北人好面食的口味又廉价且饱腹的午餐，唯有盖浇面：以淮安独特的手工小刀面，配上长鱼、虾仁、腰花、肚丝，以及猪牛羊肉鸡鱼蛋等炒成的几十种不同浇头，一碗一浇、现炒现浇。既能领略淮菜小炒的精华，又可当主食，有汤有水，经济实惠。淮安盖浇面发展至今，已经是淮安人每天早餐、晚餐和夜宵的首选主食。

参考视频

淮安盖浇面（江苏）

做法

01 将长鱼洗净切条状，开水放姜丝、料酒将长鱼烫熟放置旁边。

02 将毛豆、青椒、红椒等素菜切好备用。

03 煮面，煮到中间没有硬心即可，盛出加上骨头汤备用。

04 起锅烧油七成热放入姜丝爆香。

05 放入长鱼、毛豆、青椒、红椒等素菜，加入自制汤料调味翻炒 1 分钟即可浇在面条上，口味鲜美。

主料

黄鳝、手擀面，毛豆、青椒、红椒、洋葱等素菜各适量

调料

生抽 5 克，鸡精 3 克，糖 2 克，黑胡椒 1 克，料酒 5 克，老抽、水淀粉、猪油、麻油少许

小知识

花椒油凉面是保定的一道特色美食。炎热夏季没胃口？花椒油凉面让你胃口大开！简单食材就能做，方便卫生还快捷，根据自己的喜好加上些许菜码，看似清淡无味，实则暗香涌动。炎热的夏天，来上一碗半菜半面的花椒油凉面，山珍海味也不换。

参考视频

花椒油凉面（河北）

做法

01 热锅倒入食用油，放入花椒，小火加热到花椒变颜色，关火备用。

02 将面条放入沸水中，煮熟后捞出装碗。倒入事先准备好的冰水中降温。

03 在花椒油晾温后倒入生抽、醋拌匀即可。

04 黄瓜（胡萝卜等）切丝，豆角用水焯熟放凉，切段放入盘中备用。

05 捞出凉面，加入菜码，加入花椒油等调味品即可食用。

主料

面条 200 克，花椒少许，胡萝卜、黄瓜、豆角、蒜瓣适量

调料

植物油 5 匙，生抽、酱油 2 匙，醋 1 匙，食盐少许

小知识

新疆凉面又叫黄面，因其色黄而得名。黄面细如游丝，柔韧耐嚼，吃起来开胃去腻，清热解烦，再加上配料精致独到，蒜、醋、辣味俱全，深受各族群众喜爱。黄面面细爽滑、酸香辣凉、为夏令风味小吃。随便来一盘，吃得惬意，吃得舒坦，美食的韵味和文化在其中表现得尤为浓厚。

黄面（新疆）

做法

01 面粉加盐水、碱水和好后，揣入蓬灰水，至面软光滑有拉力时为好。案板抹油，将揉好的面放上，盖湿面稍醒。

02 锅中加水，烧开后，将面拉成细条下锅，熟后捞出，过两次凉水，淋少许熟植物油拌开，使之不粘。

03 在锅中加清水烧开，加盐、酱油、味精、湿淀粉芡、打鸡蛋、青菜叶成卤汁（称面臊）。

04 辣椒粉用热油泼后加开水调稀，蒜捣成泥，用凉开水稀释，芝麻酱加凉开水稀释，青菜用水烫熟切碎备用。

05 吃时将凉面盛在盘中，浇上卤汁，调醋、蒜、油辣椒、芝麻酱，放上青菜即成。

主料

面粉 300 克，鸡蛋 2 个，青菜 30 克

调料

酱油、味精、湿淀粉、辣椒粉、芝麻酱、蒜、植物油、盐、碱、蓬灰各适量

小知识

山西北部生产高粱，高粱面颜色发红，当地人叫红面。在困难时期，山西人为了饱腹，将白面做皮，红面做馅，用擀面杖擀成面饼，切成面条，俗称包皮面。山西老百姓将难以下咽的红面变成了粗细均匀、长短一致、口感筋韧的美食。时至今日，已成为了一种养生面，粗粮细粮搭配，营养丰富，曾经的饱腹面变成了今天的营养面。

红面（山西）

做法

01 白面加水和成白面水调面团，红面加水和成红面水调面团，醒 30 分钟左右备用。

02 根据手擀面的加工制作方法，将上述面团都加工成厚约 5 毫米的面片备用。

03 用两层白面片，包裹一层红面片（大小要均匀一致），然后再用擀面杖擀成薄片状。

04 用刀切成细条，入沸水锅煮熟。

05 根据个人口味添加卤料即可食用。

主料

高粱面、面粉、水各适量

调料

西红柿鸡蛋卤、小炒肉卤、三鲜卤

小知识

这是山东济南的一款特色美食，也是鲁菜面食代表之一。其食材简单，做法简便，葱香味浓，面条筋道爽滑，出锅后满屋飘香。

糊油炝锅面（山东）

做法

01 将醒好的面团擀成厚2毫米圆皮，卷起来叠成扇形切成面条备用。

02 锅内放油，放入葱花炒香，放酱油加水烧开。

03 水开后放入手擀面，面条约七八成熟时放入适量面糊水，并调味。

04 盛入碗中，半汤半面，放入少许葱花拌匀，即可食用。

主料

手擀面50克，章丘大葱10克

调料

植物油、酱油、盐各适量

小知识

糊涂面又名“浆饭”，是河南省黄河以北地区颇的特色小吃。以玉汤为底料配新鲜的红薯藤杆或者“迷糊菜”放入面条和调料煮熟。煮的时间越久，味道越香。烧火做面香味更浓。是河南淇县当地一种特色的地方小吃饭食，名曰：糊涂面条。

糊涂面条（河南）

做法

01 玉米面熬十几分钟后，面条截成 10 厘米左右长，抖散下入锅中。芝麻叶、花生米下锅。轻轻搅拌，熬上十几分钟。

02 关火后，把炒好的青菜胡萝卜放入拌匀，根据口味适量加盐。

03 另起锅加油，将蒜末小火煎一下，泼在糊涂面上面。

04 拌匀即可食用。

主料

面条 500 克，玉米面 150 克，干芝麻叶 50 克，青菜 500 克，胡萝卜 1 根，花生米 100 克，水适量

调料

食用油、盐、姜末各适量

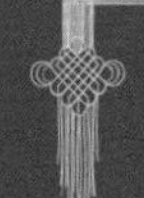

小知识

酱鸡翅是一道家常菜品。鸡翅中加盐、料酒、胡椒粉，腌5—10分钟；锅中放油，下葱、姜、蒜末炒香。放入鸡翅中，翻炒至鸡翅表面微黄色。加入一点料酒，适量甜面酱（以裹住鸡翅为适中），一点酱油，加水（以没过鸡翅为适中），小火焖20—30分钟即可。

鸡翅香菇面

做法

01 锅置火上，加入清水旺火烧沸，下入家常切面，煮6分钟至熟，捞出放在碗中。

02 锅内放植物油烧热，用葱、姜末炝锅，烹绍酒，加鸡清汤、酱鸡翅、香菇、盐、味精，旺火煮至汤沸，下入西芹段，关火，倒入碗中即可。

主料

家常切面200克，酱鸡翅1对，西芹100克，水发香菇适量

调料

植物油、葱末、姜末、盐、味精、绍酒、鸡清汤各适量

小知识

炎炎夏日，没有食欲不用担心，一款清爽开胃的鸡丝凉面打开你的胃口，鸡丝凉面既爽口又健康。八成熟面的状态是掐断面条后，面条中心有一点点生。若用全熟的面条，口感会比较烂，不够劲道。鸡丝凉面可搭配多种食材，营养丰富，鲜香爽口，为夏季佳品。

鸡丝凉面

做法

01 先将面条放入沸水中煮至八成熟，捞出，放入凉水中过一遍凉水。

02 将鸡腿去皮撕成丝、黄瓜、胡萝卜洗净，切成丝铺在面条上。

03 芝麻酱加香油调匀，浇在面上；生抽、醋、盐、蒜泥、辣椒酱按个人口味调匀，浇在面上即可。

主料

鲜面条 350 克，烤鸡腿或者煮鸡腿 1 只，胡萝卜 1 根，黄瓜 1 根

调料

芝麻酱 40 克，香油 25 克，辣椒酱少许，生抽少许，醋少许，盐少许，蒜泥少许

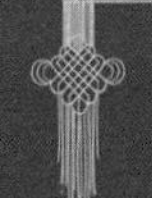

小知识

鸡胸肉，是鸡胸部里侧的肉，形状像斗笠，肉质细嫩，滋味鲜美，营养丰富。鸡胸肉蛋白质含量较高，且易被人体吸收利用，有增强体力，强壮身体的作用，所含对人体生长发育有重要作用的磷脂类，是中国人膳食结构中脂肪和磷脂的重要来源之一。

鸡丝拌面

做法

01 材料中的高汤加八角、姜、米酒、白糖、盐一起煮至沸腾，放入洗净的鸡胸肉煮10—12分钟至熟，捞出鸡胸肉浸泡冷开水至凉，再剥成丝状。

02 蔬菜面放入沸水中煮软，捞出放入碗内，加入剩余调料拌匀。

03 再加入鸡胸肉丝、烫过的胡萝卜丝、红葱酥及葱花即可。

主料

蔬菜面100克，鸡胸肉150克，胡萝卜丝、红葱酥

调料

米酒20毫升，鸡油12毫升，酱油膏8克，白糖5克，盐3克，高汤350毫升，八角1粒，姜1片，葱花适量

家常肉末卤面

做法

01 炒锅注油烧热，下葱花、姜末爆香，放肉末煸炒，烹入醋、酱油、料酒和少许水烧沸，加入白糖、盐、蒜蓉，调匀成卤汁。

02 锅内加入清水烧沸，下入面条煮熟，捞入大汤碗内，倒入卤汁，撒入香菜末拌匀即成。

主料

面条 300 克，肉末 150 克

调料

酱油、料酒、醋、盐、葱花、姜末、蒜蓉、香菜末、白糖、色拉油各适量

家常打卤面

做法

01 面粉和成面团，擀成面条。

02 卷心菜洗净切丝，同绿豆芽一起焯水，捞出，过凉沥水。

03 猪肉洗净切丁，加油炒熟，加盐、醋、香油、酱油调味，勾芡成卤汁。

04 面条煮熟，过凉后捞入碗中，浇上卤汁，放上卷心菜丝、绿豆芽即可。

主料

面粉 300 克，猪肉 75 克，卷心菜 30 克，绿豆芽 20 克

调料

盐、醋、香油、淀粉、酱油、花生油各适量

小知识

酱排骨的制作：将生排骨放入锅内煮开，撇去汤中的血沫、浮油和碎骨屑等。将大料、桂皮等香料装入布袋放在锅中，加水和老汤，汤水量与锅内排骨齐平，依次加入酱油、料酒和盐。盖上锅盖用小火烧煮 1.5 个小时左右，改用文火焖 10—20 分钟，待汤变浓时即退火出锅摊于大盘中，放在通风处凉却。

酱排骨面

做法

01 汤锅上火，加入清水，旺火烧沸，下入拉面煮熟，捞出装碗中。

02 炒锅置火上，放入花生油烧热，下葱姜丝炝锅，加入鲜汤、酱排骨、酱油、盐、胡椒粉，旺火烧至汤沸，下入青菜略煮，倒入面碗中即可。

主料

拉面 300 克，酱排骨 100 克，青菜 50 克

调料

葱姜丝、酱油、盐、胡椒粉、鲜汤、花生油各适量

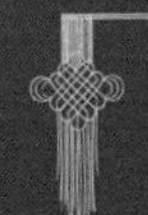

家常肉丝炒面

做法

01 猪里脊肉洗净切丝，放入碗中，加酱油、淀粉抓拌均匀，腌制10分钟；葱洗净切段；胡萝卜去皮洗净，切丝；香菇冲洗净，用水泡软，切丝，保留浸泡的汁。

02 鸡蛋面煮熟，捞出沥干。锅入油烧热，爆香葱段，放入肉丝、香菇丝及胡萝卜丝炒香，加酱油、盐、胡椒粉、香菇汁煮开，再加鸡蛋面翻炒，待汤汁快收干时盛出。

主料

鸡蛋面150克，猪里脊肉100克，香菇3朵，胡萝卜50克

调料

葱、酱油、淀粉、盐、植物油、胡椒粉各适量

小知识

酱油是由酱演变而来，早在3000多年前，中国周朝就有制作酱的记载了，而中国古代劳动人民发明酱油之酿造纯粹是偶然，最早的酱油是由鲜肉腌制而成，与现今的鱼露制造过程相近，因为风味绝佳渐渐流传开来，后来发现用大豆制成风味相似且便宜，才广为流传食用，早期随着佛教僧侣之传播，遍及世界各地。

酱油生炒面

做法

01 将鸡蛋面煮至八成熟，捞出，用油拌好，放入平底锅中，煎至两面呈金黄色。

02 锅内放植物油烧热，放入肉丝、虾蓉煸炒，加入蒜、洋葱、卷心菜丝、胡萝卜丝、香菇丝翻炒片刻，再放入韭菜、豆芽炒香，用盐、鸡精、酱油、啤酒调味，炒匀后关火，放入面条与菜搅拌均匀即可。

主料

鸡蛋面150克，肉丝50克，虾蓉25克，卷心菜丝40克，胡萝卜丝30克，香菇2朵，韭菜、豆芽、洋葱各15克

调料

盐、鸡精、酱油、啤酒、油、蒜各适量

小知识

酱油肉丝面做法简单，味道也很好，一个人在家不知吃什么时，不妨为自己做上一碗，方便又美味。煮面的时候可以在水中加点盐，面条不易粘且口感顺滑。将煮好的面过一下水会更加爽滑筋道。

酱油肉丝面

做法

01 猪肉切丝，加入原料 A 中的其他原料抓匀并腌制 10 分钟。

02 原料 B 中葱切碎，香菜和剩余的葱切成末。

03 锅烧热，倒入油爆香葱花。

04 放入腌制好的肉丝，翻炒至开始变色。

05 加入原料 B 中的酱油，翻炒均匀。

06 加入水和少许盐调味，大火煮开后继续煮 2—5 分钟，肉熟后关火，制成酱油肉丝卤。

07 在煮好的面上浇入酱油肉丝卤，撒上葱末和香菜末即可。

原料

A 面条 150 克，猪肉 70 克，料酒 5 克，蚝油 4 克，生抽 4 克，老抽 2 克，淀粉 3 克

B 葱 18 克，香菜 10 克，油 20 克，酱油 20 克，水 320 毫升，盐少许

小知识

京酱肉丝，是一道知名度很高的菜肴，它是北京菜中的经典代表。制作时以猪瘦肉为主料，辅以甜面酱、葱、姜及其他调料，用北方特有烹调技法“六爆”之一的“酱爆”烹制而成。成菜后，咸甜适中，酱香浓郁，风味独特。

京酱肉丝拌面

做法

01 猪肉丝用淀粉抓匀，小黄瓜洗净切丝。

02 热锅倒入食用油烧热，将姜末、蒜末略炒，放入抓匀的猪肉丝，以中火略炒。

03 放入甜面酱略炒，加入水、白糖、米酒炒约 2 分钟即为酱汁。

04 汤锅倒入适量水煮沸，放入面条以小火煮至熟软，捞起沥干放入碗中，加入酱汁，再撒上葱花、小黄瓜丝拌匀即可。

主料

面条 150 克，猪肉丝 80 克，小黄瓜 30 克

调料

甜面酱 1.5 大匙，白糖 1 小匙，米酒少许，淀粉 1/4 小匙，姜末、蒜末、葱花各 5 克，水 50 毫升，食用油适量

小知识

洋葱被誉为“菜中皇后”，营养价值较高。洋葱含有前列腺素A，能降低外周血管阻力，降低血黏度，可用于降低血压、提神醒脑、缓解压力、预防感冒。此外，洋葱还能清除体内自由基，增强新陈代谢能力，抗衰老，预防骨质疏松。

金黄洋葱拌面

主料

面条200克，鸡胸肉、洋葱各50克

蚝油1小匙，盐少许，食用油适量

做法

01 鸡胸肉、洋葱分别洗净切末备用。

02 热锅，倒入食用油烧热，先放入洋葱末，以小火慢炒至呈金黄色，再放入鸡胸肉末，炒至肉色变白，加入蚝油及盐略炒约2分钟即为酱料。

03 取一汤锅，倒入适量水煮沸，放入面条以小火煮至面熟软后，捞起沥干放入碗中。

04 将酱料倒入面碗中，拌匀即可食用。

小知识

剪刀面是山西的面食小吃。因制面工具用剪刀而得名，又因剪出的面条呈鱼形，亦叫剪鱼子，其制法起源于隋末。民间相传，太原公子李世民读书练武、聚才谋义，武士擭慕名拜访，时值晌午，李世民私留书房用餐。正在裁衣的长孙氏来不及备饭，急忙和面团用剪刀细细剪下，煮后呈食，结果滑爽筋道、浓香可口。现在的剪刀面用小麦、荞麦、莜麦和绿豆等面粉混合起来，既好吃又健康。

参考视频

剪刀面（山西）

做法

01 把几种面粉混合放入少许盐，用清水和成硬面团，醒 30 分钟。

02 面醒好后再次揉匀，然后用剪刀把面团剪成面鱼。

03 锅中水烧开下入面鱼，下入面鱼水再次烧开后点入适量凉水，待水再次沸腾后面鱼浮出水面便可捞出。

04 捞出后，立即过凉，使之爽滑无粘性捞出，按照口味浇入卤料即可。

主料

小麦面 100 克，荞麦面 50 克，莜面 50 克，绿豆面 50 克，盐 1 克，清水 120 毫升

调料

盐 1 小匙，酱油 1 小匙

卤料

西红柿鸡蛋卤、小炒肉卤都可

重庆烹饪界将家常味和家常菜称为渝菜的脊梁。“民间美食不了情，家常风味觅知音”是食客们一直推崇的，家常菜最能体现人与自然、人与传统的关系，而贯穿这种关系的是流连在我们味蕾上的那种永远无法割舍的亲情、乡情的味道。

家常腰花面的技术要求高，为了保证腰花的脆嫩质地，须采取现炒臊子的方法，即煮面的同时，旁边的灶上要快速进行腰花的烹制，待面条煮好挑入碗内之际，家常腰花也起锅舀于面条上了，这种一招一式，一家一户的家常菜，让我们仿佛听到了家的呼唤。

家常腰花面（重庆）

做法

01 猪腰剖开成两半，剔去腰骚，顺着猪腰剞上刀口，然后斜着将猪腰切成节，大葱切 3 厘米长的斜刀节，大蒜切成薄片。

02 郫县豆瓣剁细后用少量油调散，泡辣椒去蒂去籽后切成节，泡姜切成片。

03 猪腰用盐 1 克，湿淀粉码芡。

04 锅置火口上掺油烧至 140℃，放入猪腰炒至翻花伸条断生后下郫县豆瓣炒出色，下泡椒节、泡姜片、蒜片、葱节炒出香，下味精推转起锅。

05 取一碗，将酱油 5 克，味精 1 克，花椒面、红油辣子放入。

06 煮锅掺水烧沸，放入面条煮至熟透捞于碗内，舀上腰花即成。

主料

鲜猪腰 100 克，碱面条 150 克，菜籽油 50 克，湿淀粉 30 克，水发木耳 20 克

调料

泡辣椒 15 克，泡姜 10 克，郫县豆瓣 10 克，醋 3 克，盐 1 克，酱油 8 克，味精 2 克，大葱 10 克，大蒜 5 克，花椒面、红油辣子各适量

小知识

渝菜中采用本地出产的鸭子烹制的菜肴不少，其中不乏精品名馔。20世纪四五十年代姜爆鸭就以上佳的色、香、味、质而获得广大食客的喜好，成为脍炙人口的重庆名菜。

厨谚道："无鸡不鲜，无鸭不香。"姜鸭面中鸭子的肉香与子姜的辛香、辣椒的辣香有机配合，彰显出香上加香的独特韵味。"不为其他，只为口福"，是食客们跟风而至，过河过水去享用此面的原因。

姜鸭面（重庆）

主料

鲜鸭肉500克，自制鸡蛋碱面条150克，菜籽油150克

调料

郫县豆瓣100克，大蒜100克，老姜300克，鲜小米辣椒200克，食盐5克，大葱30克，十三香1克，酱油30克，味精1克，鸡精1克

做法

01 将鸭肉改成4厘米长、1厘米粗的条。

02 老姜切成4厘米长、0.6厘米粗的条，小米辣切成粗0.8厘米的条。

03 净锅置火口上，掺入菜籽油烧至150℃，放入鸭条炒至脱水定形，下姜条炒香后下小米辣炒出味，下豆瓣炒至色红出香，下酱油、十三香炒转，最后下味精、鸡精炒转起锅（此臊子可供10碗面使用）。

04 煮锅掺水烧沸，放入面条煮至熟透后捞于碗中，舀入炒姜鸭汁的原油、酱油抖拌均匀，舀入姜鸭臊子即成。

小知识

杭州百年老店奎元馆的由来，在民间有这样一段典故。清代同治六年（1867 年）创办的奎元馆开始并没名字，只是杭州官巷口的一家面食小铺，生意一般，也没有什么名气。有位家境贫寒的秀才来杭州参加考试，因囊中羞涩，进店就只要了一碗清汤面。小食铺掌柜虽没有文化，却非常喜欢读书人。他出于对读书人的尊敬和对这位寒酸秀才的同情，就暗自在秀才吃的这碗面里，加进了 3 个囫囵蛋，意思是祝愿这位秀才连中“三元”。不想，这位秀才真的连中“三元”！为了报答面馆老板的厚意，他再次来到小面馆，为面馆题赠“魁元馆”三字招牌，面馆从此声名大振，并逐渐形成了以宁式大面著称的专业面食店，生意日见兴隆。以后有一任老板嫌“魁”字有鬼偏旁，不吉利，才改为“奎”字，并一直沿用至今。金玉满堂面是奎元馆创意面。

金玉满堂（寿面）（浙江）

做法

01 基围虾、北极贝用淡盐水氽熟，鲍鱼、目鱼、海参、鱼茸、鳗脯氽水后红烧，蹄筋、玉米笋、花菇、菜心氽水后，清炒勾薄芡，鱼圆用水养熟。

02 所有的原材料烧好后，把面烧制好倒入碗里，然后把烧好的原材料摆在面上。

主料

面条 150 克，基围虾 150 克，鲍鱼 100 克，海参 150 克，鳗脯 100 克，目鱼 150 克，北极贝 75 克，蹄筋 150 克，玉米笋 150 克，鱼茸 250 克，花菇 150 克，菜心 100 克

参考视频

小知识

剁荞面是"榆林市非物质文化遗产"的特色小吃。剁荞面是指用特制的剁面刀剁面条，而不是切面条。剁面刀长约 2 尺，刃薄如菜刀，刀背两端装有两个木柄。先将荞面和好揉团擀至薄片，然后提臂悬肘，双手持握刀柄，同时用力向下剁面，一剁一拨，动作要准确匀称，刀落面案"噔噔噔"急如雨点，面条随刀起落如银丝飞舞。剁出的面条细若粉丝，整齐如机制挂面。有民歌唱到"荞面圪托羊腥汤，死死活活相跟上"，是比喻忠贞不渝的爱情。荞面和羊肉的结合，的确是"天赐良姻"。荞面与当地地椒羊肉结合的美食，已成为靖边特色美味食品，吸引着八方来客。

靖边剁荞面（陕西）

做法

01 剁荞面食材原料加工时去净麸皮和拉糁面，取其最好的糁子加工面粉，加工时取其二、三次上品面粉为最佳。

02 剁荞面所需工具是用两边带柄的刀（名曰剁面刀）以及平整的面案、杆杖等工具即可加工。

03 好面要好汤，陕北土话讲"面好不好，看汤道"。剁荞面所需汤料有多种做法。

汤料

01 酸汤。酸汤最好是用洋姜腌制，食用时在汤内加入小麻油烧红炝当木儿，其味特香。

02 羊肉臊子汤。用优质山羊羯子肉为原料，加入少许洋芋丁进行烹调。调料除了通常调料外，另加本县山区生长的野草——地椒叶为调料，味道独特（要选用靖边山地放牧的羯羊最好，其肉无膻味）。

03 风干羊肉汤。把优质山羊羯子肉刮成条，在避光通风处阴干，然后再加工成汤料，放入少许洋芋丁即可。

锹片子是新疆人的家常饭，也称为“汤饭”“汤锹片”等。传统的新疆汤饭在制作中往往要在汤料中加入许多不同的食材，最常见的是土豆、青菜、西红柿、羊肉等。

参考视频

锹片子（新疆）

做法

01 面剂子搓成条，抹油，盖上湿布备用。

02 净羊肉、西红柿、土豆、豆腐切丁，青菜切段分别盛在盘中备用。

03 起锅烧油，旺火烧至冒烟，下羊肉丁煸酥，再下葱末、土豆、花椒粉、酱油、盐。

04 西红柿炒至糊状（可适当加番茄酱），土豆炒至断生，加醋稍炒，下豆腐丁，加水烧沸。

05 将面剂子按扁拉长，锹成一指宽的面片投入锅中。

06 加胡椒粉、青菜再度烧沸，加味精搅匀即可（香菜由食者自行调食）。

主料

面粉 150 克，净羊肉 100 克，青菜 100 克，西红柿 100 克，土豆 100 克，豆腐 100 克

调料

植物油、葱末、香菜、花椒粉、胡椒粉、盐、酱油、醋、味精各适量

小知识

金丝面是山东安丘传统名吃，已有300多年的历史，因其色黄丝细，犹如金丝而得名“金丝面”。坚持三分吃好、七分吃饱的养生理念，在传承制作工艺基础上精心改良，纯手工切制，面细如发丝，切面仅有0.07毫米。金丝面具有传统风味、口味咸鲜之特点，配以家养母鸡清汤，清鲜味美，入口爽滑，是一道养生保健的特色面食。

参考视频

金丝面（山东）

做法

01 鸡蛋加盐搅拌均匀，加入面粉和成面团。

02 擀成薄片，叠成梯形切细。

03 水烧开，下入金丝面，开锅5秒钟捞出。

04 把辅料加入沸水加盐调好味，倒入盛器内即可。

主料

面粉200克，鸡蛋2个，香菜、虾皮、胡萝卜各少许

调料

盐、香油各适量

小知识

潍坊传统名吃，传说老潍坊县城内有一经商人家，依靠全家人齐心协力，十几年后，在当地已小有名气。可是，几个儿子结婚后，在媳妇们怂恿下，妯娌之间、兄弟之间常常为争夺财物闹得不可开交。无奈之下，主人打算将家产分给儿子们各自经营，在全家共吃最后一顿团圆饭时，他拿出精心准备的面食给大家吃。大家不知何物。主人告诉他们："这是和乐，希望你们兄弟、妯娌之间，互帮互助，合家欢乐。"儿子儿媳们感到非常惭愧，此后，和好如初。这道面食经过历代人的努力，终于发展成为现在的鸡鸭和乐面，其特点是柔韧有劲，肉香、汤醇，别有风味。

参考视频

鸡鸭和乐面（山东）

做法

01 把面粉和淀粉和成面团，再用和乐床子压成面条状。

02 将面条入鸡、鸭共煮的汤内煮熟后捞出，再配入原汤、鸡鸭肉、旱肉、甜蒜、咸香椿、咸韭菜、辣椒油等即可。

主料

面粉、淀粉、鸡肉、鸭肉、旱肉各适量

调料

甜蒜、咸香椿、咸韭菜、辣椒油各适量

小知识

打卤面是济南的一道特色美食，做法多样，风味不一。煮白水面条，煮好后把卤放到白水面条里充分搅拌，口感香浓、亦饭亦菜，也是北方人最爱的美食之一。打卤面分清卤和混卤两种，清卤又叫氽儿卤，混卤又叫勾芡卤。劲道的面条配以风味的面卤，让人回味无穷。

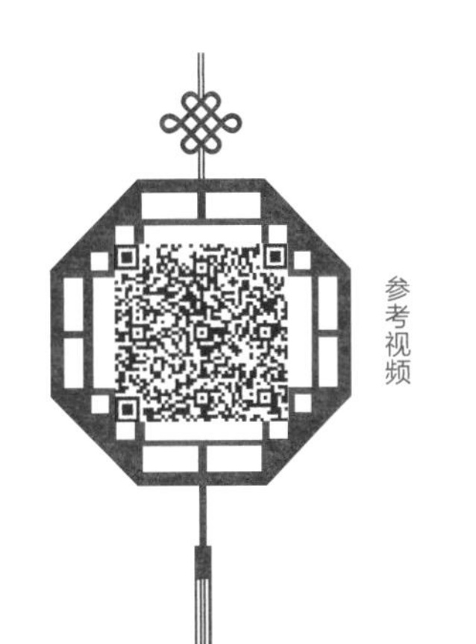

参考视频

济南打卤面（山东）

做法

01 五花肉切丁，茄子、土豆去皮洗净后备用，葱白、生姜切末，鸡蛋打好备用。

02 热锅倒入食用油，放入葱姜末，煸炒肉丁，加入酱油、老抽、盐，待肉丁炒至成熟略干后，加入土豆茄子煸炒。

03 加入高汤煮开，小火炖 10 分钟左右，打入蛋花，加入香油。

04 将面条放入沸水中，煮熟后捞出装碗。

05 将面卤浇在面条上面，拌匀即可食用。

主料

鲜面条 200 克，五花肉 60 克，茄子 100 克，土豆 80 克，鸡蛋 2 个

调料

植物油 5 匙，酱油 2 匙，葱白 10 克，生姜 10 克，盐 5 克，老抽 1 匙，香油 5 克，鸡汤 800 毫升

小知识

打卤面是莱阳一道特色美食，也是胶东渔家文化孕育出的一道特色面食，其食材简单，做法简便，色香味俱全。一碗简单的面，配以莱阳羊郡海域特产蚬子、虾及海参做卤汤，闻之鲜香，食之开胃，再配上时令蔬菜，吃起来润滑爽口，滋味鲜香无比，回味无穷。

胶东打卤面（山东）

做法

01 蚬子洗净焯水后取出蚬肉，汤留着备用，虾仁上浆，海参切片，时令青菜切丝备用。

02 冷锅倒入花生油放入葱花爆香，烹入酱油倒入蚬子汤烧开，放入虾仁加入调料，打入鸡蛋花，出锅前放入蚬肉、海参、韭黄。

03 将手擀面放入沸水中煮熟，捞出控净水分，装入碗中浇上海鲜卤。

04 根据个人口味加入时令青菜丝即可食用。

主料

手擀面 150 克，海参 1 只，蚬子 150 克，虾仁 100 克，大葱 10 克，韭黄 15 克，鸡蛋 2 个，木耳 10 克，黄瓜丝 20 克

调料

花生油、酱油、盐、胡椒粉、生粉各适量

小知识

饸饹面古称“河漏”，又称“活络”，是河南省郏县地区风行的面食，历史悠久。郏县饸饹是一种圆形条状面制食品，初以荞麦面为面料，加入用纯羊油熬制的辣椒、羊肉汤和新鲜味美的羊肉，辅以八角、茴香、辣椒、胡椒、肉桂、葱花、枸杞等十余种佐料，味道鲜美，香而不腻，暖胃去寒。现在多以小麦面替代荞麦面，口感营养更胜一筹。

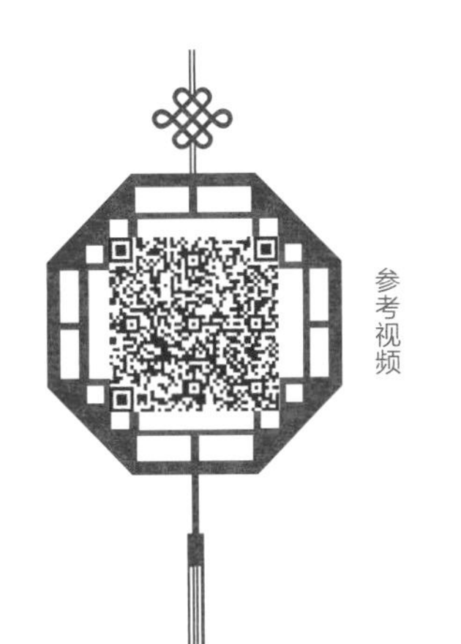

参考视频

郏县饸烙面（河南）

做法

01 和面时，食碱加热水调匀并倒入，迅速搅拌均匀，揉制成面团并摊开凉冷，盖上湿纱布饧发待用。

02 锅中加清水烧沸，取床子（或漏勺）置于沸水锅上方，再装入面坯，并用力挤压出面条，流入沸水锅里。

03 煮熟后，用漏勺将面条捞出来沥干水分，倒入加有熟油的盘里拌匀抖散（或把煮熟的面条捞入冰水盆内透散后，捞入盘中）。

04 放入羊肉片，根据个人口味加入葱、香菜、盐、味精、辣椒油，盛入羊肉汤，即可食用。

主料

熟羊肉若干，高筋粉 500 克，食碱 1 克，热水 300—320 毫升，羊肉汤

调料

盐、味精、香葱花、香菜、辣椒油各适量

小知识

库车人的清晨从一碗汤面开始，库车汤面是新疆库车的一道地方特色小吃，风味独特，工艺讲究，酸辣可口，具有色、香、味俱全的特点。手工拉制的细面嚼劲十足，温火熬制的羊骨汤浓香四溢，两者结合起来就是人间最极致的美味。到了库车，来一碗正宗的库车汤面，再配上包子、油塔子，是对库车最好的致敬。

库车汤面（新疆）

做法

01 取适量面粉，按 1 斤面粉 3 克盐的比例和面，揉成面团后醒发 30 分钟，把醒好的面拉成细面条。

02 羊骨熬汤 6 小时，捞出羊骨，加入八角、桂皮、花椒、草果、姜粉、鸡精、味精、食盐、香醋，煮沸 5 分钟左右。

03 取瘦羊肉煮熟切片备用。

04 将大葱、大蒜、香菜切碎，西红柿切小块，放入煮好的羊骨汤中小火煮 3 分钟左右。

05 将细拉面放入沸水中煮熟，捞出装碗。

06 在煮好的面上铺 5、6 片瘦羊肉，用羊骨汤反复冲涮 3 遍，沥干汤水后，重新加入适量羊骨汤，撒香菜少许即可食用。

主料

羊肉 30 克，西红柿 10 克，细拉面 120 克

调料

草果、桂皮、八角、花椒、姜粉、鸡精、味精各 5 克，大葱半根，香菜 10 克，大蒜 10 克，香醋、食盐各适量

小知识

宽拌面是一道简单的面食，将宽面条煮熟，配以炝面的做法，倒入香味十足的辣椒油，使得它香气扑鼻，食之开胃。宽面条劲道爽滑，不失为一道开胃且清新的面食。

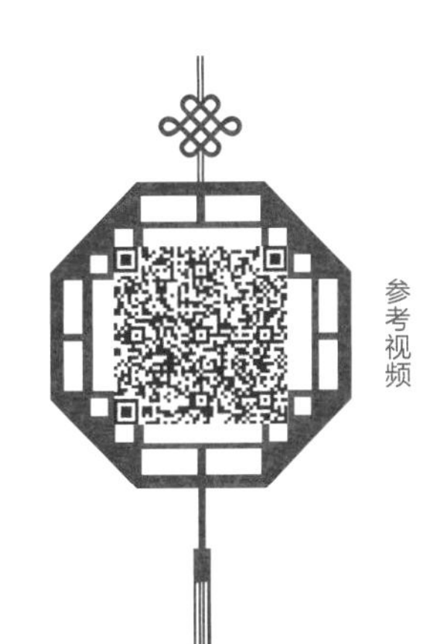

宽拌面（山东）

做法

01 将面粉中加入食盐、水调成面团，揉至“三光”（面团光、面盆光、手上光），盖上湿布饧 20 分钟。

02 取光滑面团，擀成长方形大片，切长条，撒上生粉放入方盒中，盖上保鲜膜醒 30 分钟。

03 案板上撒面粉，将长条稍微擀一下，两手捏住两端，用力一抻，抻成宽条即可。将宽面条放入沸水中，煮熟后捞出装碗。

04 热锅中倒入食用油，烧至八成热，倒入辣椒面与芝麻中浇透出香味。

05 卷心菜切丝，烫熟后放在面上面，撒小香葱，浇上热的辣椒油拌匀即可。

主料

面粉 500 克，水 255 毫升，卷心菜 100 克

调料

植物油 10 匙，辣椒面 20 克，芝麻 20 克，盐 8 克，小香葱 10 克

小知识

开水锅焯水，就是将锅内的水加热至滚开，然后将原料下锅。下锅后及时翻动，时间要短。要讲究色、脆、嫩，不要过火。焯水时要特别注意火候，时间稍长，颜色就会变淡，而且也不脆、嫩。蔬菜类原料在焯水后应立即投凉控干，以免因余热而使之变黄、熟烂。

开胃酸辣凉面

做法

01 鲜虾仁用盐腌制 10 分钟，番茄切丁，黄瓜切丝，香菜切碎，红椒切成圈，黄豆芽择除根部。

02 锅内烧开水，将面条放入锅内煮至水沸腾，再加入半碗凉水，如此反复两次直至面条煮熟。

03 将煮好的面条捞出，用凉水冲冷后，浸入冰水中约 5 分钟，捞起沥干水分。

04 用煮面条的开水将虾仁、黄豆芽分别焯熟，同样浸入冰水中过凉，捞起沥干水分。

05 将所有调料放入碗中，倒入 3 大匙凉开水调匀，做成凉面料汁。

06 将面条盛入碗内，放上虾仁、黄瓜丝、番茄丁、黄豆芽，再淋上凉面料汁，拌匀即可食用。

主料

面条 250 克，鲜红椒、番茄各 1 个，鲜虾仁 10 个，黄瓜 1 根，黄豆芽 40 克

调料

海天生抽、陈醋、砂糖各 2 大匙，鲜榨柠檬汁 2.5 大匙，辣椒红油、香油、李锦记番茄酱各 1 大匙，蒜蓉 1 小匙，盐、香菜各适量

客家炒面

做法

01 猪肉片放入所有腌料中腌 10 分钟；甜不辣切条；葱、芹菜洗净切段；虾米洗净，备用。

02 取锅烧热后，加入 3 大匙色拉油，先将甜不辣条以中小火煎脆，再放入腌猪肉片炒至变白捞起盛出。

03 取原锅开小火，放入油面，将面的两面煎至略焦后捞起盛盘备用。

04 锅内放入葱段、芹菜段、虾米、甜不辣条与腌猪肉片略炒，加入水与所有调味料，放入胡萝卜丝、油葱酥与油面，以中火炒 3 分钟即可。

主料

油面 300 克，猪肉片 80 克，圆形甜不辣 2 片，葱 2 根，芹菜 2 根，虾米 10 克，胡萝卜丝 30 克，油葱酥 1 大匙

调料

盐 1 小匙，酱油 1 小匙

腌料

盐 1/4 小匙，米酒 1/2 小匙，胡椒粉 1/4 小匙，淀粉 1/2 小匙

小知识

空心菜是碱性食物，并含有钾、氯等调节水液平衡的元素，食后可降低肠道的酸度，预防肠道内的菌群失调，对防癌有益。所含的烟酸、维生素 C 等能降低胆固醇、甘油三酯，具有降脂减肥的功效。空心菜中的叶绿素有“绿色精灵”之称，可洁齿防龋除口臭，健美皮肤。

空心菜虾油汤面

做法

01 空心菜用手掐成小段，去掉老根，清洗干净。

02 烤肠切片。

03 面碗中放入虾皮、盐、味精、胡椒粉。

04 锅内加水，大火烧开，把面条放入煮熟。

05 煮熟的面条捞出放入加好调料的碗中，再放入烫熟的空心菜。

06 最后放入切好的烤肠，加入滚开的清汤，再淋熬好的虾油即可。

主料

鲜面条 150 克，空心菜 50 克，虾皮 5 克，蒜味烤肠 50 克

调料

虾油 1 大匙，盐 1/2 小匙，味精 1/2 小匙，胡椒粉 1/4 小匙

小知识

昆山奥灶面是中国十大面条之一，是江苏省昆山市的传统面食小吃之一。奥灶面以红油爆鱼面和白汤卤鸭面最为著名。两种浇头均有考究，爆鱼一律用青鱼制作，卤鸭则以“昆山大麻鸭”，用老汤烹煮，肥而不腻。奥灶面最注重“五热一体，小料冲汤”。所谓“五热”是碗热、汤热、油热、面热、浇头热；“小料冲汤”指不用大锅拼汤，而是根据来客现用现合，保持原汁原味。奥灶面不仅选料讲究，味美鲜醇，另外还有“三烫”的特点：面烫，捞面时不在温水中过水，而在沸水中过水；汤烫，配制好的面汤放在铁锅里，用余火焖煮，保持其温度；碗烫，碗洗净后，放在沸水中取用，不仅保暖，还消毒卫生。

参考视频

昆山奥灶面（江苏）

做法

01 准备碱水细面，这种面比较香且有嚼劲，不容易混汤

02 锅中放底油烧热，放入葱末爆香。

03 加入提前熬煮好的红汤底烧至滚开，放入爆鱼。

04 加少许盐调味，倒入碗中。

06 水开后加一点盐，放入面条煮，再倒入一小碗冷水，这样煮出来的面很劲道。

07 继续中火煮 2 分钟左右即可，中间多用筷子播散开面条。

08 煮好的面捞出沥掉多余的水分，放入准备好的汤底，再加上浇头爆鱼，加一些香葱末即可。

主料

面条 200 克，爆鱼、卤鸭等适量

调料

精盐、生抽、熟猪油、葱末各适量

鲤鱼焙面是“糖醋软溜鱼焙面”的简称，该菜品是河南省开封市的一道传统特色名菜，也是“豫菜十大名菜之一”。到开封旅游不品尝一下糖醋软溜鱼焙面，那是一件非常遗憾的事。糖醋软溜鱼焙面是由糖醋熘鱼和焙面两道名菜配制而成。

鲤鱼焙面（河南）

做法

01 鱼洗净。炒锅置旺火上，添入花生油，六成热时将鱼下锅炸制。待鱼浸透后，再上火，油温升高后，捞出鱼控油。

02 洗净炒锅置旺火上，添入清汤放进炸好的鱼，加白糖、醋、绍酒、精盐、姜汁、葱花，并将汁不断撩在鱼上，待鱼两面吃透味，勾入湿淀粉，将鱼带汁装盘。

03 将面和到柔软，放在案板上撒面搓成圆条，反复拉抻至细如发丝的面条。

04 炒锅置中火上，添入花生油，烧至五成热放入抻好的面条，炸成柿黄色捞出，盛于盘内，即可同糖醋软熘鲤鱼上桌。

主料

黄河鲤鱼 1 尾，面粉 500 克

调料

湿淀粉 13 克，白糖 100 克，醋 50 克，绍酒 25 克，精盐 8 克，姜汁 15 克，葱花 10 克，清汤 400 毫升，花生油适量

小知识

临洮热凉面的特点是味道鲜美、面条劲道、口味清爽。通常以精面粉为主料，制作时用精粉、蓬灰，然后和面、醒面、溜条，扯为宽、细两种面条，经过一系列步骤，面煮熟后，以芥末油、油泼辣子、大蒜、精盐、红豆腐、汁汤拌匀，使面条金黄发亮，柔韧爽口滑嫩，色味俱佳。

临洮热凉面（甘肃）

做法

01 锅里水煮开后，放入扯好的拉面，面条煮熟捞出后加少许菜籽油到面里拌一下，以免面条粘在一起。

02 面条放入盘中，加入用姜末、葱花、蒜末、鸡精、味精、花椒粉、盐、白糖、醋、酱油、辣椒油等调好的汤汁，加入煮好的卤肉、鸡蛋、肥肠，口味更佳。

主料

扯好的宽细拉面、菜籽油

调料

鸡精、姜末、葱花、蒜末、味精、盐、花椒粉、白糖、醋、酱油、辣椒油各适量

小知识

临清什香面起源于山东省临清市，是临清运河文化的典型代表之一。临清什香面不仅做法讲究，吃法也讲究。吃面的仪式感在于上菜时，小碗调味料、咸菜、炒菜先后登场，整齐摆放于餐桌的边沿位置，形成一个圆。整盆面条、肉卤素卤摆放于桌面中间位置。放眼望去，满桌色彩丰富，还未品尝味道，就先令人食欲大增。什香面有别于其他面，它讲究"以菜为主"，所以放进碗中的面条不可太满，盛满三分之一，铺满碗底即可，然后将十八道菜码各取一些点儿放进去，拌匀后就成满满的一大碗了。拌匀后的什香面宛如一件艺术品，细嫩光滑面上，红黄绿白紫各色菜码相称，各种蔬菜的香味交织在一起，挑出一缕放入口中，过水后的面条爽滑弹牙，软硬恰到好处，让人大快朵颐。

参考视频

临清什香面（山东）

做法

01 擀面。将和有鸡蛋的面团反复揉擀，揉上劲道，切成0.5毫米左右的面条，放置醒发。

02 配菜。将黄瓜、茄子、西葫芦切丝，水煮熟；绿豆芽、韭菜、西红柿、蒜薹、菜豆角、酱瓜、咸胡萝卜、咸疙瘩、韭菜花、肉（羊肉、牛肉、猪肉）切末备用；鸡蛋打散。

03 做卤。将西红柿鸡蛋炒熟炒散备用，肉末与临清"济美"酱炒熟炒散备用。

04 煮面。待锅中水沸腾后放入面条，下完面条用筷子将锅中面条划散开，以免粘在一起，在沸腾后放一点凉水，反复3—4次将热滚打消后，面条出锅，捞入盛有凉开水的器皿中，待用。

05 将面盛满三分之一，铺满碗底即可，然后将十八道菜码各取一些点儿放进去，加入调料拌匀后即可食用。

主料

鸡蛋手擀面160克，黄瓜、茄子、西葫芦、绿豆芽、韭菜、西红柿各100克，鸡蛋3个，蒜薹、菜豆角、酱瓜、咸胡萝卜、咸疙瘩、韭菜花各20克，肉（羊肉、牛肉、猪肉）100克

调料

临清"济美"香醋20克，芝麻盐20克，芝麻酱20克，蒜泥20克，临清"济美"酱100克

辣味麻酱面

做法

01 花椒泡水约 10 分钟沥干，红辣椒粉加入 10 毫升水拌匀备用。

02 热锅加入食用油，以小火将泡过水的花椒炸约 2 分半钟捞起，放入蒜末炒至金黄色，将食用油及蒜末盛出，倒入装有红辣椒粉的碗中拌匀，加入麻酱汁、蚝油、麻辣油、盐、白糖、面汤、鸡精拌匀，即为麻辣麻酱。

03 汤锅放入适量水煮开，加入盐、阳春面煮 2 分钟后捞起摊开，再放入韭菜段及豆芽略烫 5 秒钟后捞起。

04 取适量麻辣麻酱加入阳春面内拌匀，再铺上烫过的韭菜段及豆芽即可。

主料

阳春面 150 克，韭菜段 20 克，花椒 10 克，红辣椒粉 30 克，豆芽 30 克

调料

麻酱汁 1 大匙，蚝油 1 小匙，麻辣油 1 小匙，盐 1/4 小匙，白糖 1/4 小匙，面汤 200 毫升，鸡精少许，盐 1/2 小匙，蒜末 20 克，食用油适量

小知识

辣椒作为深受人们喜爱的调味品，原来生长在中南美洲热带地区，在我国的食用历史已有上百年，但其价值不仅仅在风味上，辣椒中含有丰富的辣椒素、可溶性糖、蛋白质、胡萝卜素等多种营养成分，这些主要的营养成分直接影响着辣椒的品质。

辣子牛肉面

做法

01 将花椒、干辣椒、辣椒粉、辣油加入红烧牛肉汤中成为麻辣汤头，再加入牛腱子片熬煮约40分钟。

02 白面煮熟装碗，加入麻辣汤头，并加入氽烫过的菠菜、葱花、酸菜即可。

主料

白面250克，红烧牛肉汤适量，牛腱子片200克，菠菜少许，酸菜1大匙

调料

辣椒粉1小匙，辣油1小匙，花椒1小匙，干辣椒1小匙，葱花1小匙

小知识

绿豆在发芽过程中，维生素 C 会增加很多，而且部分蛋白质也会分解为各种人所需要的氨基酸，可达到绿豆原含量的七倍。所以绿豆芽的营养价值比绿豆更大。绿豆芽性寒，烹调时应配上一点姜丝，以中和它的寒性，十分适于夏季食用；烹调时油盐不宜太多，要尽量保持其清淡的性味和爽口的特点。

绿豆芽肉丝炒面

做法

01 鲜面条放入开水锅中煮至八成熟，捞出。
02 煮好的面条过清水后沥干水分，用香油拌匀。
03 红彩椒切丝。
04 葱切段，蒜、姜切片。
05 猪肉切丝，用料酒、胡椒粉、干淀粉抓匀。
06 起油锅，油温升至四成热时放入肉丝滑炒至变色。
07 放入葱姜蒜炒香，再放入绿豆芽翻炒 1 分钟。
08 放入面条、红彩椒丝，加盐、白糖、老抽，大火翻炒 2 分钟即可出锅。

主料

鲜面条 700 克，绿豆芽 200 克，红彩椒 40 克，猪肉 60 克

调料

盐 1 小匙，白糖 1 小匙，料酒 1 小匙，香油 1 小匙，老抽 2 小匙，干淀粉 1/2 小匙，胡椒粉 1/2 小匙，葱、姜、蒜、植物油各适量

小知识

对于地道的北京人来说最好吃的炸酱面永远是自己家做的炸酱面，手切的面条在皇城根下连起邻里之间不变的情谊，上六必居买黄酱是每家从不外传的美味秘密，上好的五花肉混合黄酱下锅，炸酱的美味由此而来，讲究的老北京人是从不会在面码上含糊的，黄瓜丝儿、萝卜丝儿、豆芽儿……十八种样式必不可少。

老北京炸酱面（北京）

主料

五花肉 250 克，毛豆 50 克，面粉 500 克，豆芽、芹菜、黄瓜丝、心里美丝各 50 克

调料

豆瓣酱 250 克，大葱 15 克，料酒 10 毫升，食用油适量

做法

01 将面粉和成面团，封上保鲜膜，醒面 20 分钟。

02 五花肉切成丁，干黄酱用水泻开。

03 锅中注入适量清水烧热，分别将毛豆、豆芽、芹菜等焯水后捞出，待用。

04 取出面团，撒上适量面粉，用擀面杖擀成大面饼，叠起面饼，切成条，并将面条放入开水锅中煮熟后捞出。

05 热锅注油烧热，放入五花肉丁、料酒，翻炒，倒入调好的黄酱炒匀。

06 一直翻炒至酱香四溢，酱、油分离，最后放入大葱，炒匀。

07 关火，将食材盛出，浇在面条上，旁边摆上毛豆、豆芽、芹菜、黄瓜丝、心里美丝等小菜即可。

小知识

米酒用糯米酿制，是汉族传统的特产酒，可作为调料。米酒含有 10 多种氨基酸，其中有 8 种是人体不能合成而又必需的。每升米酒中赖氨酸的含量比葡萄酒和啤酒要高出数倍，这在其他营养酒类中较为罕见，因此人们称其为“液体蛋糕”。

卤肉面

做法

01 五花肉洗净并沥干水分，放入开水中以小火煮约 30 分钟即捞出放凉，切厚约 2.5 厘米之长方形片，备用。

02 将水、调料 A 及五花肉片，以小火煮约 1 小时即成卤肉。

03 高汤煮滚，加入调料 B 与卤肉汁 50 毫升，煮匀即盛入碗中，备用。

04 面放入开水中煮约 3 分钟，捞起沥干水分，将小白菜续入锅中略煮，捞起并与面条一起放入做法 3 碗中，再放上适量卤肉及葱花即可。

主料

带皮五花肉 1000 克，细阳春面 150 克，小白菜 50 克，水 300 毫升，高汤 300 毫升

调料

A 米酒 100 毫升，酱油 120 毫升，糖 50 克，葱花 5 克，姜片 15 克，葱 3 根，八角 5 粒，桂皮 1 根

B 盐 1/4 小匙

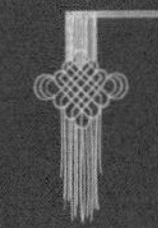

小知识

卤汁是指用来卤煮禽、肉的汤汁。卤汁的主要原料为鸡、猪肉、花椒、大料、豆蔻、砂仁；其保存的时间越长，芳香物质越丰富，香味越浓，鲜味越大，煮制出的肉食风味愈美。卤汁含有蛋白质、脂肪等营养成分。

卤汁牛肉炒面

做法

01 宽拉面放入沸水中煮熟后，捞起沥干备用。

02 热油锅，爆香葱段、姜片，放入辣豆瓣酱炒香，放入牛肉条先将表面炒熟，加入其余卤料，以小火卤 2 小时至肉块软烂。

03 另热油锅，放入蒜末、姜末及辣椒酱炒香，放入卤汁、盐、白糖、拉面炒干，加牛肉条及蒜苗段炒匀，撒上花椒粉即可。

主料

宽拉面 150 克，牛肉条 200 克，蒜苗段 20 克

调料

辣椒酱 2 小匙，蒜末 1 小匙，姜末 1 小匙，盐、白糖、花椒粉各少许，食用油各适量

卤料

葱段、姜片各 20 克，辣豆瓣酱 1 大匙，香料包 1 包，酱油 150 毫升，白糖 2 小匙，水 1200 毫升

小知识

辣卤，是重庆厨师在原五香卤的基础上经不断研制，总结而产生的一种具有五香之中带微辣，醇正之中带浓烈的特殊味感卤制方法，辣卤制品一经推出便受到各界食客的青睐。

植物中的花卉有玫瑰花、牡丹花、梅花、茉莉花等，动物中也有叫花的，如猪脑叫脑花，猪蹄叫蹄花，将猪身上最上面部位的猪脑和最下面部位的猪蹄称为花，说明这二物很为老百姓看重。面条随糯软的蹄花起舞，五香随辣香飘逸舒展，岂楮墨能尽其万一。

参考视频

辣卤蹄花面（重庆）

做法

01 将大葱切节，老姜 10 克切成片。

02 猪蹄燎皮后刮洗干净，缝中剖开成两半，用盐、姜片 10 克、葱节、五香粉、料酒、花椒码味 3 小时。

03 将猪蹄放入烧沸的辣卤锅内卤至软烂捞起，改成长 5 厘米、宽 3 厘米的节后重新放入沸卤水中浸泡保温。

04 大蒜、老姜 5 克捣茸后加冷开水调成姜蒜汁水，小葱切成葱花。

05 取一碗，将酱油、红油辣子、花椒面、味精、鸡精放入掺入鲜汤 50 毫升。

06 煮锅掺水烧沸，放入面条煮至熟透起锅挑入碗内，放入辣卤蹄花即成。

主料

猪前蹄 2 只，碱水面条 150 克，鲜汤 50 毫升

调料

辣卤卤水 1500 毫升，红油辣子 15 克，花椒面 1 克，酱油 8 克，老姜 15 克，大蒜 5 克，小葱 10 克，大葱 10 克，花椒 5 克，料酒 50 克，五香粉 5 克，味精 2 克，食盐 3 克

小知识

辣肉面是沪上一道家喻户晓的浇头面，肉丁粒粒分明，色泽鲜亮，精心烹制的肉丁带着微辣的香气，融进汤汁继而浸入面条，令人充满食欲。无论时代如何变迁，辣肉面都牢牢地霸占在每一家面馆的菜单上。

辣肉面（上海）

做法

01 提前一晚，将梅肉洗净切丁，放入碗中，加入生粉、盐、味精、小苏打和适量清水上浆腌制，盖上保鲜膜放入冰箱备用。

02 热锅倒入食用油，划锅后倒出。放入前一晚腌制好的梅肉丁翻炒15秒，至半熟后捞出备用。

03 热锅倒入食用油，放入姜末和豆瓣酱煸炒，再放入辣酱爆香，加入梅肉丁、鸡精、味精、糖、老抽和黄酒一同翻炒90秒，香气溢出后起锅。

04 将面条放入沸水中，煮熟后捞出装碗。

05 将辣肉浇头均匀拌入面中即可食用。

主料

切面160克，梅肉130克

调料

食用油1匙，生粉、盐、味精、鸡精、小苏打各少许，豆瓣酱1匙，辣酱1匙，老抽1匙，姜末5克，糖、黄酒各少许

小知识

中国财政经济出版社出版的《中国名菜谱》中有一道叫“钢铁仔鸡”的鸡肴，“钢”指的是辣椒，“铁”指的是花椒，即用辣椒和花椒来烹制鸡丁成菜的。许多年过去了，以“钢铁仔鸡”为原型的又一道鸡肴在重庆歌乐山上鸣响，它就是驰名全国的重庆江湖风味的代表——辣子鸡。

辣子鸡所呈现的干香化渣、离骨爽口、糊香厚重、味感浓烈的特色使举箸者在品尝此面的时候，体会到什么叫作捣胃欲震，什么叫作欲罢不能。

参考视频

辣子鸡面（重庆）

做法

01 将鸡肉剔去大骨宰成 1 厘米见方的丁，老姜切片，大葱切段，小葱切葱花。

02 取一碗，放入鸡丁、姜片、葱段、盐、料酒码味后将姜葱拣去。

03 芝麻酱用麻油调散。

04 锅置火口上，掺油烧至 160℃时放入干辣椒节炸呈棕红色，下入花椒炸香，随即放入鸡丁炸制脱水至表层起酥，熟透，下酱油、盐、味精炒转，起锅后撒上白芝麻（注：多余的油滗于碗中待用）。

05 取一碗，将酱油、芝麻酱、味精放入，炒鸡丁炸油 10 克放入。

06 煮锅掺水烧沸，放入面条煮至熟透捞于碗内，舀入辣子鸡即成。

主料

鸡腿肉 100 克，碱水面条 150 克

调料

干辣椒节 50 克，花椒 25 克，食盐 2 克，大葱 15 克，老姜 5 克，大蒜 5 克，酱油 5 克，料酒 20 克，熟白芝麻 2 克，味精 2 克，芝麻酱 5 克，菜籽油 100 克，麻油 20 克

“夏至面”花样多

2009年6月21日，当日是农历夏至节气，天津这家面馆以现场表演制作拉龙须面吸引顾客。

新华社发　赵惠祥/摄

小知识

兰州牛肉拉面由回族老人马保子始创于1915年，当时称为“热锅子牛肉面”，1991年在全国饮食业名特小吃大赛上，被中商部评为饮食业优质产品“金鼎奖”，“金鼎牛肉面”由此而得名。1999年被国家有关部门确定为中式三大快餐试点推广品种，被誉为“中华第一面”，兰州牛肉拉面的特色是一清、二白、三红、四绿（清即肉汤鲜亮，纯清无渣；白即萝卜片均匀白净；红即辣椒油红透亮；绿即蒜苗和香菜新鲜翠绿）。

参考视频

兰州牛肉拉面（甘肃）

主料

面粉、拉面剂、甘南牦牛或黄牛肉、线椒、板椒各适量

调料

新鲜八角、草果、小茴香、桂籽、桂皮、香叶、毕拨、甘草、花椒、胡椒、丁香、熟芝麻、干姜、白芷、白寇、肉寇、鲜姜汁、大蒜汁、味精、鸡精各适量

做法

01 和面（选用高筋面）。和面的水应根据季节确定水温，夏季水温要低，10度左右，春秋季18度左右，冬季25度左右。

02 饧面（醒面）。将揉好的面团表面刷油盖上湿布或者塑料布，以免风吹后发生面团表面干燥或结皮现象，静置一段时间，至少30分钟以上。

03 加拉面剂搋面。将加好拉面剂水的面团，揉成长条，两手握住两端上下抖动，反复抻拉，根据抻拉面团的筋力，确定是否需要搋拉面剂。

04 下剂。将溜好条的面团，放在案板上抹油，轻轻抻拉，然后用手掌压在面上，来回推搓成粗细均匀的圆形长条状，再揪成粗细均匀、长短相等的面剂，盖上油布，醒5分钟左右，即可拉面。

05 拉面。案板上撒上面粉，将饧好的面剂搓成条，滚上铺面，两手握住面的两端，然后抻拉，反复操作，面条可由2根变成4根，4根变成8根，面的根数就成倍地增长。

06 煮面。将拉好的面下入锅中，锅内的水要开且要宽，等面浮起，轻轻搅动，将面煮熟，捞于碗中。

小知识

灵台县素有“陇东小粮仓”之称，小麦种植的历史悠久。小麦淀粉丰富，磨成面白而富有韧性，因而用小麦面擀成的长面便成了这里人传统的待客饭。灵台手工面薄如丝，细如线，入口爽滑，酸辣适中，以白、细、薄、筋、光而闻名。灵台手工面因配色不同，可做成白、绿、黄、红四色面，俗称“福禄寿喜”面。灵台手工面因吃法和场合不同，也有讲究，老年人过寿吃的面叫“长寿面”，正月初一吃的面叫“过年面”，麦子割完吃的面叫“挂镰面”，姑娘结婚第四天做的面叫“试刀面”，用酸汤做的叫“酸汤面”。

灵台手工面（甘肃）

主料

面粉 250 克，清水 100 毫升，全蛋液 25 克，瘦猪肉适量，尖椒 1 个

调料

盐、味精、鸡精、酱油、碱面（或荞杆灰)、食用油、陈醋、葱花、熟花生碎各适量，姜末、番茄酱各少许

做法

01 和面：用碱或荞杆灰和水和面，揉搓成絮、成团，面揉好后，倒扣在盆底，放置 1 个多小时。

02 擀面：擀面讲劲匀、力足，给面撒上玉米面粉，用擀面杖慢慢地擀，再将变薄的面缠在擀面杖上一圈一圈地擀动，一直到薄如蝉翼，透亮均匀，再一折一折地叠起来。

03 切面：灵台长面分细丝、韭叶、宽片 3 种，犁面用的刀，是特制的长刀，刀型酷似大刀，刀身长约 50 公分、重量在 4、5 斤之间。其中细面最见刀工，切面时将擀好的面片折叠成一指宽见方的长条，而后上刀切面。

04 煮面：将切好的面滚水下锅煮熟。

05 做汤：锅内倒入适量清油，拌以葱花、姜末炒之，趁热加以食醋，待白烟冒起，根据需要再加清水，然后再放入盐、酱油、味精、醋等调料，大火烧开。将面捞到碗里，兑以做好的鲜汤即食。

小知识

麦虾的和面、入锅过程尤为重要。和面时要加入一个鸡蛋和少许盐，来提高面食的韧劲，使麦虾烧好后不糊，按顺时针同一方向搅拌成粘稠的面糊（这样做法是为了让粉筋不断）。割麦虾入锅时，要注意双手的搭配和角度，做到一手拿刀、一手转着面碗不断削面入锅，这样才能制作出一碗粗细均匀又韧劲适中的美味麦虾面。

参考视频

临海麦虾面（浙江）

主料

面粉300克，鸡蛋1—2个，水230毫升，茭白、胡萝卜、鸡蛋丝、虾、蛤蜊、香菇、黄花菜、豆腐皮各适量

调料

鸡汤、牛肉汤、卤牛肉片、盐各适量

做法

01 麦虾制作第一步是和面，除了加水将面粉打成糊状之外，在里面再加上几个鸡蛋和少许盐，麦虾会更有韧劲，口感也更佳。

02 面和好后静放半小时醒面。蒲瓜丝配小葱是传统麦虾的绝配。现在在传统麦虾上进行了改良，增加了茭白、胡萝卜、鲜虾、蛤蜊、鸡蛋丝、豆腐皮、黄花菜、香菇等。

03 锅热后，放五花肉爆一下，再放茭白、黄花菜、香菇炒，然后将准备好的鸡汤、牛肉汤和水加入其中，增加麦虾的鲜味和香味。盖锅等水煮沸之后，将醒好的面粉糊一刀一刀削进锅里。随后，再将鲜虾、蛤蜊、鸡蛋丝、豆腐皮等一一放入锅中。

04 煮熟之后，上面再撒上一些卤好的牛肉片即可。

小知识

罗汉斋是对菇类、菌类混杂的菜式的一个通称，最早记载于宋代朱彧的《萍洲可谈》卷二里，是指广州商会为僧侣举行的一段斋期，罗汉斋由斋期变成菜谱，体现了佛教文化对民间饮食文化的影响。取名自十八罗汉聚集一堂之义，是寺院风味之“全家福”，以十八种鲜香原料精心烹制而成，是素菜中之上品。

罗汉斋炒面

做法

01 炒面煮熟后沥干，放入油锅中煎至微焦盛盘；豆芽、草菇、黄花菜洗净备用。

02 另热一油锅，放入豆芽、草菇、甜豆荚、面筋、香菇丝、胡萝卜丝、黑木耳丝、黄花菜快炒数下；加入高汤、酱油、蚝油、盐、鸡精、白糖、白胡椒粉煮沸，以水淀粉勾芡，淋入香油，倒在面上即可。

主料

炒面150克，豆芽、草菇各50克，甜豆荚、黑木耳丝各30克，面筋、香菇丝、胡萝卜丝、黄花菜各20克，高汤250毫升

调料

酱油、蚝油各2小匙，盐1/2小匙，鸡精、白糖各1小匙，白胡椒粉、水淀粉、香油各少许，食用油适量

小知识

老雒阳卤面不仅特色浓郁，而且历史悠久。相传，它是世界上最早的快餐，也曾被称为路面（路边面）。早在 1900 多年前，洛阳刚刚建造了中国官办第一古刹——白马寺，百姓们闻听此事，纷纷奔走相告，每日来此顶礼膜拜者数千人，久而久之，这里的饮食便红火起来。当时最流行的一种快餐食品便是路面，一团细匀如丝的面条从笼中抓出来放入碗内，加入麻油、香酱、瓜丝等细菜，看着金黄夺目，吃来绵软幽香，随到随食，十分方便快捷，很受人们的欢迎。随着时代的发展和技术的进步，路面也融进了许多新的烹饪技法，后来人们便将路面更称为卤面。

参考视频

老雒阳卤面（河南）

做法

01 锅中放入食用油，放入葱段、姜片、干辣椒、八角煸炒出香味，放入五花肉条和调料小火煸炒至上色出油，放入黄豆芽、湿粉条、蒜薹大火炒熟后备用。

02 细面条拌少许食用油上笼蒸制 15 分钟。

03 取出面条拌入先前炒好的辅料的菜汤，拌匀上色，再上笼蒸制 15 分钟。

04 取出面条拌入先前炒好的辅料，拌匀后再上笼蒸制 5 分钟即可。

主料

熟细面条 160 克，黄豆芽 160 克，湿粉条 20 克，五花肉条 60 克，蒜薹 30 克

调料

葱段 10 克，姜片 10 克，干辣椒 5 克，八角 2 个，十三香 5 克，食用油、盐、酱油各适量

小知识

浆面条简称“浆饭”，其主要原料——酸浆，由提取粉芡时遗留下的绿豆浆水发酵而成。因在技法、习俗上的细微差别，河南各地对浆面条的称呼也有所不同。浆面条有荤有素，做法多样。正宗的浆面条特点是一白（浆汤）、二红（胡萝卜丝、红辣椒）、三绿（韭菜、芹菜、大绿豆），做好后浆酸诱人、面香抓口、老少皆宜、回味无穷。民谚有云：“剩浆饭热三遍，拿碗肉片都不换。”

老雒阳浆面条（河南）

做法

01 锅中放入绿豆酸浆，淋入花椒油、植物油或猪油，用筷子顺时针不停搅匀打泡沫，让油与酸浆充分融合。

02 在酸浆即将沸腾时下入手擀面条，用筷子将面条拨散，稍煮片刻。

03 下入白菜丝和盐，即将起锅时，放胡萝卜丝、韭菜稍煮起锅装碗。

04 最后把芹菜丁、大绿豆、花生米放在面条表面即成。

主料

绿豆酸浆 800 克，手擀柳叶面 150 克，白菜丝 50 克，小芹菜丁 20 克（需生腌）、韭菜 10 克、胡萝卜丝 10 克、熟大绿豆 10 克、熟花生米 10 克

调料

花椒油、植物油或猪油、盐各适量

小知识

提起灵寿的美食，最具代表性的就当属灵寿腌肉面了。很多外地游客来到灵寿，品尝了腌肉面之后都赞不绝口，本地的游子回到家乡要做的第一件事儿，就是迫不及待地来上一碗地道的腌肉面，吃到正宗的家乡味道。腌肉面的精髓就是腌肉，肥瘦相间的肉片盖于碗顶，肥肉滋出来的油，瘦肉嚼出来的丝，香到欲罢不能。

灵寿腌肉面（河北）

主料

带皮腌肉 4、5 块，手擀面约 160 克，豆角、土豆适量

调料

盐、料酒、葱、姜、蒜、煮肉适量

做法

01 腌肉的制作，要经历从冬天到春天长达 6 个月的腌制。切块，焯水，上色，炸制，然后放到瓮里，撒层盐放层肉，撒层盐放层肉，最后灌油把肉封住。

02 切好 4、5 块带着皮、厚且宽的腌肉，准备好大锅加水加肉，再放盐、料酒、葱、姜、蒜、煮肉材料，开锅 15—20 分钟，直到肉皮能插进筷子。

03 开锅后添加硝盐，将适量硝盐放到铁勺中加上烧红的木炭形成剧烈燃烧，烧到一定火候快速浇到煮肉的锅里，起到去腥去脏的作用。

04 灵寿腌肉面专用传统手擀面。小麦精粉配以食盐、碱面和面，生面做好，揉团，蒙上湿布醒 5、6 个小时才擀，这样做出的面有韧劲，易于擀薄切细，沸水出锅有光泽，面条劲道滑润。

05 将腌肉加土豆、山区特有的豆角（白菜）、豆腐、粉条一起炖制成菜，粉条一定要用红薯粉的淀粉制作的，浇在沸水出锅的手擀面上，这样颇具灵寿特色的腌肉面就可以上桌了。

小知识

梁徐牛肉面是泰州市姜堰区梁徐街道极负盛名的地方美食，早茶到梁徐来一碗牛肉面成了当地最为流行的饮食方式。梁徐牛肉面营养极高，浓香馥郁，地道的牛肉、浓郁的面汤、劲道的面条，再配上开胃的咸菜，味蕾全开、味道独特，梁徐牛肉面具有补脾胃、益气血、强筋骨功效，可以促进蛋白质的新陈代谢和合成，有助于紧张训练后身体的恢复。

参考视频

梁徐牛肉面（江苏）

做法

01 起锅放植物油，加入葱蒜炝锅。
02 加入原汤，烧开后加熟牛杂，撇去油沫。
03 待汤浓郁，加入盐、咸菜、辣子油调味。
04 下面条，煮熟后装入碗内，放香菜点缀即可。

主料

熟牛杂（牛肉、牛筋、牛肚、牛舌等）100 克，面条 150 克

调料

辣子油 20 克，原汤 250 毫升，葱 10 克，蒜泥 10 克，咸菜 15 克，香菜 15 克，盐、植物油各适量

小知识

连岛渔家面是连云港的一道特色美食，是大自然的美好馈赠，也是港城人民家常必备主食。其食材新鲜，做法简便，色香味俱全。一碗简单的面条，融入了海鲜独特的风味，再配上时令蔬菜，闻之浓香，食之开胃，营养丰富。吃起来润滑爽口，滋味鲜香无比，让人垂涎欲滴。

参考视频

连岛渔家海鲜面（江苏）

做法

01 制作手擀面，和面、揉面、擀面、切面。

02 选取新鲜海鲜食材。

03 处理海鲜，清洗去腥。

04 上海青洗净，葱洗净并切段，生姜洗净切丝，沥干水分。

05 热锅倒入食用油，放入葱段和姜丝炒香，倒入高汤，大火烧开。

06 依次放入海鲜，加盖大火煮开。

07 将面条放入锅中大火煮 5 分钟。

08 放入青菜，调味，煮熟后捞出装碗即可食用。

主料

鲜切面、鲍鱼、海虾、蛏子、仔乌、上海青

调料

植物油、盐、胡椒粉、葱、生姜各适量

小知识

地处在邢台西部丘陵地区的临城，民间有着制作手擀面的习俗，而这里最具特色的就是腌肉手擀面。临城当地百姓素来有制作腌肉的习俗，每年进入腊月家家户户都开始制作腌肉，而用腌肉制作的腌肉手擀面就是其中一款特色传统美食。其制作方法非常简单，面条手工擀制好后，炒制腌肉卤，腌肉切丁过油翻炒后，加入新鲜韭菜段再稍加些清水慢火炖制，并打入蛋液，出锅时淋入香油。一边是热气腾腾沸水煮好的面条，一边是鲜香浓郁的腌肉卤，面条上浇上一勺，红红的肉丁、青翠的韭菜段，鲜咸香的口感让人食欲大增。

参考视频

临城腌肉手擀面（河北）

做法

01 韭菜、小葱、洋葱头洗净并切段，生姜洗净切丝，并沥干水分。

02 热锅倒入食用油，放入葱段和姜丝，小火慢熬至葱段成焦黄色，捞出葱段，过滤葱油备用。

03 将腌肉倒入油锅中煸炒出腌肉中少许油脂，将韭菜倒入继续煸炒，加少许水后打入蛋液，淋上香油即可出锅。

04 将面条放入沸水中，煮熟后捞出装碗。

05 倒入做好的腌肉鸡蛋卤，拌匀即可食用。

主料

手擀面 150 克，腌肉 100 克，鸡蛋 1 个，韭菜 10 克

调料

小葱 1 根，生姜 10 克，洋葱 10 克，植物油、酱油各适量

小知识

糊卜是洛阳市洛宁县的一道特色美食，由稍厚的糊卜条、里脊肉、西红柿、青菜制作而成，类似于人们常吃的烩饼。糊卜比烩饼更有嚼劲，以油旺、汤鲜、饼筋而著称，是在外游子永远难忘的一道家乡美食。

参考视频

洛宁糊卜面（河南）

做法

01 把面粉兑上水和成面团，做成面饼，用小火烙到七八分熟的时候，切成韭菜叶宽的饼丝，做成糊卜条。

02 把里脊肉切成肉丝，用盐、五香粉、老抽、姜丝、淀粉搅拌均匀腌制 30 分钟。

03 热锅倒入菜籽油，把葱段爆香，再把腌好的里脊肉丝倒入油锅里面，翻炒八成熟，再把切好的番茄和青菜倒入锅里面，炒熟即可。

04 锅里加入适量清水将糊卜煮熟，把炒好的里脊肉丝倒入搅拌均匀，撒上一层香菜，即可食用。

主料

里脊肉 200 克，面粉 300 克，番茄 1 个，青菜 100 克

调料

小葱 1 根，生姜 10 克，香菜 10 克，五香粉、盐、老抽、姜丝、淀粉、菜籽油各适量

广东梅州地区最普及的早餐品种——客家人的腌面，除了价廉物美，富有地域性特色外，更重要的是它是经过客家人长期口感上的筛选，长存而成为传统。几乎每个离开家乡的客家人想起客家美食时，第一个想吃的就是客家腌面及搭配的三及第汤，色香味俱全，口感营养极佳。

梅州腌面（广东）

主料

面粉 300 克，土鸡蛋、红萝卜、菠菜、猪肝、瘦肉、粉肠各适量

调料

盐、蒜末、葱花、肉碎、酱油、红酒糟汤、白菜等各适量

做法

01 打面：手工面必须采用优质高筋小麦粉，添加客家人放养的土鸡蛋和红萝卜、菠菜等各类有颜色的果蔬汁液，和面用的泉水内加一定比例的盐。

02 煮面：将生面放入开水锅中，翻滚 30 秒左右即可捞出沥干水分。

03 拌面：将切好的葱花、肉碎、炸过的蒜末、盐等适量放入碗中，迅速倒入面条拌匀。

04 配汤制作：客家腌面的最佳搭档为三及第汤，先将猪肝、瘦肉切成薄片，猪粉肠刮净，肠内异物洗净切成段，把切好的瘦肉拌入薯粉。起锅放入汤水，加咸菜、红釉糟汁待汤水滚沸时加入枸杞叶，再加入猪肝、瘦肉、粉肠调味，滚煮到刚熟时上碗即吃，有暖胃之功效。

配料制作：锅里加油，放入蒜末，油的量没过蒜末，用小火将蒜炸至金黄色，蒜末变脆。

蘑菇面

做法

01 热锅，倒入食用油烧热，放入蒜末、葱末爆香后，加入胡萝卜丁、青豆、玉米粒和细油面炒匀，再放入蘑菇酱拌炒均匀至入味后盛盘。

02 另热一油锅，倒入食用油烧热，煎一个荷包蛋后淋上少许蘑菇酱，起锅摆在炒好的蘑菇面上即可。

03 蘑菇酱的制作方法：蘑菇去蒂洗净，捞出沥干水分切丁，锅内放油，炒肉丁至发白，加入葱、辣椒翻炒1分钟，加蘑菇翻炒均匀，倒入黄豆酱小火翻炒2分钟，加水盖盖焖煮至汤汁浓稠，撒少许鸡精即可。

主料

细油面250克，胡萝卜丁、青豆、玉米粒各30克，鸡蛋1个

调料

蘑菇酱150克，蒜末、葱末各5克，食用油适量

参考视频

麻酱凉面（北京）

01 汤锅加入适量水煮开，放入凉面煮熟捞起过凉水后用风扇吹干、晾干或拌入适量食用油使之不黏结。

02 麻酱汁中依序加入醋、熟酱油、白糖、胡椒粉、芝麻等充分搅拌泻开。

03 将适量混合后的麻酱汁淋在拌好的凉面上，放上黄瓜丝、蒜泥等拌匀。

主料

面条 150 克，黄瓜丝 30 克

调料

麻酱汁 1 大匙，醋、酱油各 1 大匙，白糖 1 大匙，蒜泥 1/4 小匙，食用油、胡椒粉、芝麻等各适量

小知识

麻辣牛肉汤的原料是牛肉，配料是酱油、盐、白砂糖等，制作时，可用盐、糖将漂净血水的牛肉丁腌 2 个小时后再烹制，牛肉吃起来非常软嫩。

麻辣牛肉面

做法

01 将宽面放入沸水中煮约 4—5 分钟，其间以筷子略微搅动数下，即捞出沥干备用。

02 小白菜洗净后切段，放入沸水中略烫约 1 分钟，再捞起沥干备用。

03 取一碗，将煮过的宽面放入碗中，再倒入麻辣牛肉汤，加入汤中的牛肋条块，放上煮过的小白菜段及葱花即可。

主料

宽面 150 克，麻辣牛肉汤 500 毫升

调料

小白菜适量，葱花少许

小知识

马鲛鱼肉质细嫩洁白，糯软鲜爽，营养丰富，物美价廉。因而有“鲳鱼嘴，马鲛尾”之说。马鲛鱼肉多刺少，肉嫩味美，民间有“山上鹧鸪獐，海里马鲛鱼”的赞誉。食用方法多种多样，既可鲜食，也可腌制。

马鲛鱼羹面

做法

01 马鲛鱼条加腌料腌30分钟，沾红薯粉，放入170℃的油锅中，炸至呈金黄酥脆即可。

02 鱼高汤煮沸，加入大白菜丝、黑木耳丝、姜末、盐、白糖、胡椒粉、米酒煮沸，以水淀粉勾芡，加入马鲛鱼条、蒜泥、陈醋与香油拌匀，放入熟油面及香菜即可。

主料

熟油面150克，马鲛鱼条300克，大白菜丝、黑木耳丝各50克，鱼高汤500毫升

调料

陈醋、米酒各10毫升，香油、盐各1小匙，白糖1大匙，胡椒粉2小匙，食用油、水淀粉、姜末、蒜泥、香菜、红薯粉各适量

腌料

葱段60克，姜片40克，胡椒粉、米酒各适量

小知识

牡蛎面是一道由牡蛎肉、面条、调味品等做成的美食。牡蛎，俗称海蛎子、蚝等，是世界上第一大养殖贝类。牡蛎不仅肉鲜味美、营养丰富，而且具有独特的保健功能和药用价值，是一种营养价值很高的海产珍品。牡蛎的含锌量居人类食物之首。

牡蛎面

主料

粗油面 200 克，牡蛎 100 克，韭菜段 30 克，高汤 350 毫升

调料

盐 1/4 小匙，鸡精、米酒、白胡椒粉各少许，油葱酥、红薯粉各适量

做法

01 牡蛎洗净、沥干，放入红薯粉中拌匀（让牡蛎表面均匀裹上红薯粉即可），放入沸水中汆烫至熟，捞出备用。

02 把油面与韭菜段放入沸水中汆烫一下，捞出放入碗中，再放入烫熟的牡蛎。

03 把高汤煮开后加入所有调料拌匀，接着倒入面碗中，最后放入油葱酥即可。

小知识

木耳又叫云耳、桑耳，是我国重要的食用菌，有广泛的自然分布和人工栽培。木耳质地柔软，口感细嫩，味道鲜美，风味特殊，而且富含蛋白质、脂肪、糖类及多种维生素和矿物质，有很高的营养价值，现代营养学家盛赞其为“素中之荤”。

木耳炒面

做法

01 将一锅水煮沸后，把宽面放入开水中煮约 4 分钟后捞起，冲冷水至凉后捞起、沥干备用。

02 热锅，倒入色拉油烧热，放入葱花、姜丝爆香，再加入猪肉丝炒至变色。

03 锅内放入黑木耳丝和胡萝卜丝炒匀，再加入所有调料 A、高汤和宽面一起快炒至入味，起锅前再滴入香油拌匀即可。

主料

宽面 200 克，猪肉丝 100 克，胡萝卜丝 15 克，黑木耳丝 40 克，高汤 60 毫升

调料

A 酱油 1 大匙，糖 1/4 小匙，盐少许，陈醋 1/2 大匙，米酒 1 小匙

B 香油少许，色拉油 2 大匙，姜丝 5 克，葱花 10 克

小知识

山西猫耳朵是山西人家的日常主食。把面和得软软的，搓成大拇指粗细的条子，再压成蚕豆大的小块，然后用拇指食指捏着一转，便被卷成像猫耳朵一样。在开水里煮熟它，捞起来再配作料大火一炒，耳卷里吸存着汤汁，大小均匀，厚薄一致，口感筋、韧、滑，吃起来十分鲜美。配料各随其便，一般人家爱用韭菜肉丝和虾米，很够味，讲究的用虾仁、蟹肉、冬菇、火腿。

参考视频

猫耳朵（山西）

做法

01 将面粉、水调制成水调面团，醒30分钟左右备用。

02 包菜、培根、青线椒、大蒜切片；鸡蛋打散加几滴黄酒去腥、加1小勺盐调味；蛋液煎成蛋皮，切小片。

03 将和好的面团搓成长条状，用刀切成小丁；将切好的小丁用大拇指搓成具有小窝状的面疙瘩；入沸水锅中煮熟备用。

04 锅烧热放油，油热放入蒜片爆香；放入配菜翻炒均匀至断生；放入猫耳朵翻炒均匀；放入蛋皮翻炒均匀，加盐、生抽调味；关火前撒入葱花翻炒均匀即成。

主料

面粉、培根各适量，豆角50克，西红柿1个，木耳20克，鸡蛋1个，青线椒2个

调料

食用油10克，葱4克，大蒜1瓣，盐4克，黄酒3克，生抽4克

小知识

重庆面条叫小面的原因有二：一是吃面简便快捷，小体现的是便、快之意；二是吃面价廉不贵，小则安饱。小面叫起来顺口，听起来顺耳，有拉近距离之亲切感，虽叫小面，却是小中自有大文章，小中自有大市场，说它小，小在仅一碗里，说它不小，它在3000万重庆人的生活里。

重庆小面中最具代表性和最有特色的当数重庆麻辣小面。在重庆人看来，吃面就是吃调料，吃面就是吃味道，而最能体现小面味道的就是被称为重庆麻辣小面之魂的辣椒和花椒，它们通过重庆麻辣小面告诉我们“不识小面真面目，此缘只在麻辣中”。

参考视频

麻辣小面（重庆）

做法

01 空心菜洗净。

02 大蒜、老姜捣成茸后用冷开水调成姜蒜汁。

03 榨菜切成细末，小葱切成葱花。

04 油酥花生米铡成细粒。

05 将辣椒面装入缽内，置火口上掺菜籽油烧至180℃时舀一半油入辣椒缽内搅转，待油温升至210℃将剩余的油舀入辣椒缽内搅转呈红油辣子。

06 取面碗一个，放入酱油、红油辣子15克、花椒面、芝麻酱、榨菜末、芽菜末、猪化油、味精、鸡精、姜蒜汁、油酥花生末、葱花后，掺入鲜汤。

07 面锅掺水烧沸，放入空心菜煮至断生后捞于碗中，然后放入面条煮至成熟后起锅挑入碗内即成。

主料

碱水面条150克，空心菜100克，猪筒骨汤150毫升，猪化油5克，菜籽油250克

调料

二荆条炕制辣椒面100克，花椒面1.5克，榨菜末5克，芽菜末5克，芝麻酱2克，味精1克，鸡精1克，小葱5克，老姜5克，大蒜5克，油酥花生3克，酱油4克

小知识

在沈家门西大街，一间不足 30 平米的面店，门面虽几度装饰，但位置始终没变。70 年多来，“巴哈面店”留给沈家门人的是一种唇齿间的记忆。面店的招牌是鳗干鱼丸面，想做好鳗干和鱼丸可要费点功夫。选原料的要求十分严格，新鲜的鳗鱼，大小要在 3 斤左右。面汤白里透鲜，鱼丸弹牙爽口，鳗干滋味独特，这一碗面吃的是一代又一代舟山人记忆中的家乡味。

参考视频

鳗干鱼丸面（浙江）

主料

鳗鱼、猪肉、米面各适量

调料

生姜、番薯淀粉、油、盐各适量

做法

01 将带皮带骨的鳗鱼切成段，加上盐、生姜、番薯淀粉搅拌均匀后，氽入水中成型，鳗干就可以捞出备用了。

02 制作鱼丸，取鳗鱼肉，打成鱼浆，用猪肉做馅，鱼与肉相依相伴，手捏上劲。加佐料后搅拌，直到鱼肉能在水中浮起为止。

03 鱼皮做鳗干，鱼肉做鱼丸，鱼骨头熬汤。

04 将手工鳗干和手工鱼丸放入提前熬制好的鱼汤中，水沸后加入米面，加入适量的盐和自己爱吃的配菜，煮开即可。

小知识

抿尖是山西省中部地区家庭的一种日常面食，晋语称为“抿圪抖儿”。抿尖的“抿”字表示此种面食的制法，“尖”则是指此种面食出锅后的形状。比较传统的抿尖用豆面制成，故可根据其原料称其为豆面抿尖。作为山西传统面食的一种，抿尖的口感、营养都要好过普通的面食，易于入口且容易消化，常吃豆面抿尖，对于三高、肥胖等现代病有一定的预防作用。

抿尖（山西）

做法

01 用豆面与白面按照一定比例掺杂，加水和面至较稀的程度。

02 将沸水锅上放上抿尖床，将和好的面置于抿尖床中间孔眼之上。

03 用抿尖挫或手掌用力推压面，做出抿的动作，使面从抿尖床的孔眼中穿过，成型，落入下面的锅中煮熟。

04 煮熟后将抿尖用笊篱捞起，浇卤食用。

主料

豆面、白面、水各适量

调料

西红柿鸡蛋卤、小炒肉卤、三鲜卤

小知识

皮肚面是南京的特色风味小吃，属金陵小吃，汤料充盈，物料多样，鲜美爽口。皮肚的制作大有讲究，只选择粗壮膘肥的猪，先悉心剔净肉皮上的每一块肥膘，把净肉皮用大锅清水煮到半透明状，然后捞起在通风处晾干，放入用紧贴肉皮的肥膘熬制的猪油中煎炸，这样才够香。煎炸的皮肚金黄脆香，松泡细软，咬起来入口即烂。皮肚中含有大量的微量元素，能促进新陈代谢，又能滋颜润肤。

参考视频

南京皮肚面（江苏）

主料

面条 150 克，青菜 1 棵，皮肚 100 克，猪里脊 30 克，香肠 50 克，水煮蛋 1 个，西红柿 1 个，木耳、榨菜丝少许

调料

荤油、盐、味精各适量

做法

01 皮肚用水泡软后，放入开水中，煮 7、8 分钟，捞出，用清水洗两三遍，再泡 2、3 个小时。

02 皮肚切丝，猪里脊切丝，香肠切片，西红柿切块，青菜洗净。

03 炒锅内加高汤烧开，放入猪里脊丝，煮 1、2 分钟，至完全变色后，下皮肚、香肠、水煮蛋、西红柿、青菜、木耳、榨菜丝。

04 另用一汤锅煮开水，水开后下入面条至四成熟。

05 炒锅中加荤油、盐、味精调味，将面条捞出加入炒锅中，煮至七八成熟即可。

“纳仁”是哈萨克族、蒙古族等很喜爱的一道美食，一盘盘纳仁里深深地掩藏着古老游牧民族的气息。在过去，迎来了尊贵的客人，牧民才杀羊做纳仁来招待。现在，纳仁已经成为新疆各族群众的家常饭。这种佳肴也叫手抓羊肉面。

纳仁面（新疆）

主料

羊肉（牛肉、熏马肉）1000克，面粉300克，洋葱1个，红辣子20克

调料

油、香菜、盐各适量

做法

01 面粉加少许盐和水，搅成雪花状，揉成一个光滑柔软的面团，醒上一会儿擀成一片大薄片，抹上油，盖保鲜膜继续醒着。

02 把面切成宽条，捏住两头，由着力道在案板上轻轻碰击着把面抻长，下入汤水锅中。

03 在锅中略煮即熟，煮好就可全部捞出。

04 在下面之前，切一些洋葱丝、香菜、红辣子，紫色味重，白色柔和，随意，面盘上可以铺少许。

05 煮好的面捞到盘子里，再码上一部分洋葱丝、香菜、红辣子，最后将一勺煮羊肉的汤趁热浇在洋葱和面上，表面撒上羊肉块即可食用。

羊肉

做法

01 羊肉放进锅里由冷水开始大火煮开，撇去污沫转小火焖。

02 1小时后，加适量盐，再煮半小时或1小时。

03 吃前捞出，保留好汤，趁热切肉。

奶汤鱼肉面

做法

01 草鱼宰杀洗净，剔下两侧鱼肉，切成0.5厘米厚的大片，加干淀粉、料酒和盐拌匀腌渍；鱼头和鱼骨均剁成块状，用沸水汆一下。

02 炒锅上火，放色拉油烧热，下姜片、葱节和肥肉片炒香，放鱼头、鱼骨煸炒一会儿，烹料酒，加入清水。

03 用旺火滚约8分钟至汤汁乳白时，下鱼肉片煮熟，加盐、白胡椒粉调味，即可离火。

04 与此同时，把扁面条煮熟，捞在大碗内，先舀入一大勺鱼汤，再放上适量鱼肉，滴香油，撒香菜段即可。

主料

湿扁面条500克，鲜草鱼1尾（约重650克），肥肉片适量

调料

盐、白胡椒粉、干淀粉、料酒、色拉油、姜片、葱节、香油、香菜段各适量

牛肉豆干炸酱面

牛肉豆干炸酱

原料

牛肉200克，豆腐干100克，甜面酱800克，豆瓣酱500克，大葱末60克，生姜片5克，白糖2大匙，干淀粉2小匙，料酒1小匙，胡椒粉1/4小匙，盐1/4小匙

做法

01 牛肉切丁，加姜片、干淀粉、料酒、胡椒粉、盐。
02 用手抓匀，静置5分钟。
03 豆腐干洗净，切成小丁，入五成热油锅炸制。
04 炸至豆腐干表面微黄时捞出，备用。
05 锅内再放入牛肉，小火炸至牛肉表面变色。
06 放入甜面酱和豆瓣酱略炒，再放入豆腐干炒匀。
07 放入白糖，小火炒至炸酱吐油。
08 最后放入葱末，翻炒均匀即可。

炸酱面

主料

鲜面条150克，萝卜苗50克，熟花生碎适量

调料

牛肉豆干炸酱1大匙，盐1/4小匙，白糖1小匙，米醋1小匙，香油1/2小匙，味精1/4小匙，植物油100毫升

做法

01 萝卜苗洗净。倒入盐、白糖、米醋、味精、香油，拌匀。
02 锅内加水烧开，放入面条煮熟。
03 捞入盘中，加入炸酱、萝卜苗、熟花生碎拌匀。

小知识

想要肉的口感好吃，最好提前腌制 15—20 分钟，使肉块充分吸收盐水，使蛋白质溶解。这样可以使肉的结构松弛，达到嫩化效果。

牛柳酸辣面

主料

拉面 250 克，牛外脊肉、番茄各 80 克，青椒 50 克

调料

葱姜蒜末、酱油、绍酒、红油、白糖、醋、鲜汤、盐、湿淀粉、胡椒粉、植物油各适量

做法

01 牛肉切条，加绍酒、盐、白糖、胡椒粉、湿淀粉腌制 15 分钟。番茄切片，青椒切条。

02 汤锅内加清水烧沸，下入拉面煮 8 分钟至熟，捞出装碗中。

03 起油锅烧热，放入牛肉煸炒至熟，加葱姜蒜末爆香，加入鲜汤，调入酱油、绍酒、醋、胡椒粉，待汤沸时下入番茄、青椒，离火，倒入面碗中，淋红油即可。

牛肉炒面

做法

01 洋葱洗净切丝；青椒洗净切丝；黄甜椒洗净切丝备用。

02 取一碗，将牛肉丝及所有腌料一起放入抓匀，腌制约5分钟备用。

03 煮一锅沸水，将拉面放入沸水中煮约4分钟后捞起，冲冷水至凉后捞起，沥干备用。

04 热锅入油烧热，放入蒜末、姜末爆香后，加入腌好的牛肉丝略微拌炒后盛盘。重热原油锅，倒入食用油烧热，放入洋葱丝炒软后加入青椒丝、黄甜椒丝炒匀。

05 再加入沥干的拉面、炒过的牛肉丝和所有调料，一起快炒均匀至入味即可。

主料

拉面150克，牛肉丝100克，洋葱80克，青椒40克，黄甜椒40克

调料

黑胡椒末1小匙，酱油1小匙，蒜末5克，姜末5克，蚝油1/2小匙，香油少许，盐少许，白糖少许，食用油适量

腌料

淀粉、酱油、白糖各少许

小知识

浙江湖州南浔小吃首推双浇面，曾经上过央视《舌尖上的中国》。双浇就是至少有两种浇头的面，酥肉与爆鱼是比较传统的双浇，再搭配卤汁、素丝、雪菜等配料，味足鲜美。对本地人来说，吃面有讲究，一般生女上五福楼，生儿去状元楼，龙凤面馆则包管男女。也就是说刚生了孩子的人家会给街坊们发状元楼、五福楼或龙凤面馆的面票，邻居们有空自行去享用，所以南浔人经常人手数张面票，这样共享福气的方式真是简单又温暖。

参考视频

南浔双浇面（浙江）

做法

01 爆鱼。要选用上好的大草鱼，将草鱼切成等块大小之后腌制，再放入锅里滚油炸透，炸至金黄酥脆后浸入秘制高汤备用。

02 酥肉工艺主要是焖，准备上好的五花肉，焯水洗干净，放入锅内，加入八角、桂皮、葱、姜、酱油等调料，再加入适量水，烧开后再加入黄酒。五花肉焖炖至酥烂出锅，将骨头抽离，切成等块大小待用。

03 灶头的大锅内水烧开加入面条烧开。

04 面条煮熟捞起放高汤碗里，爆鱼和酥肉满满腾腾盖在面上，再撒点葱花，味足鲜美。

主料

五花肉、草鱼、面条各适量

调料

盐、八角、茴香、桂皮、葱、姜、酱油、食用油、秘制高汤各适量

小知识

岷县牛羊肉尕面片的特色在于，将事先炒好的肉丁与油泼辣子完美结合，再辅以小青菜可谓更加美味。羊肉面片、牛肉面片真可谓各具风味，如果再在其中加入纯麦麸酿造的食醋，食用起来味道更佳。

牛羊肉尕面片（甘肃）

主料

小麦面粉、牛羊肉、菜籽油各适量

调料

盐、碱灰、花椒、胡椒、辣椒各适量

做法

01 和面：放入少量的碱灰和少量的盐。和面讲究水的温度和揉面时间的长短，水温以40度左右为宜。水温过热，和面容易稀软，过冷则面性揉不开。面要揉至表面光滑，能拉开为止。然后分成约15厘米长、直径4厘米的面棒，上面抹一层菜籽油，用盆子扣住或用塑料纸封住，待几分钟以后再用，名曰回面。

02 牛羊肉臊子炒制：切好肉后在锅里加上油，等油熟后将切好的肉丁放锅里翻搅。待锅里的肉全部变色后，便小火慢焖，焖制时间两个半小时左右，火要适中，火大会把肉烧焦，火小则熟不透，等时间差不多时，放入花椒、胡椒、辣椒等佐料继续翻炒，等香料均匀融合便可出锅了。食用时放在锅里加入水熬制，同时根据口味爱好再加一次佐料。

03 等臊子做好，回好的面棒就可以拿出来了，下锅时将面棒压平，拉成长条，揪成一片片约2厘米见方的面块即可，有细心的人家揪的面片仅有拇指指甲大小，晶莹剔透，入口柔滑。面片下好搭上臊子，再加上香菜，一顿实惠的美餐就搞定了。

小知识

猪排骨味道鲜美，也不会太过油腻。猪排骨除含蛋白质、脂肪、维生素外，还含有大量磷酸钙、骨胶原、骨粘蛋白等，可为幼儿和老人提供钙质。

排骨炒粗面

做法

01 五花排骨洗净剁小块，冲水 10 分钟沥干，取锅加水 300 毫升，放入五花排骨、姜片、葱煮滚，加入调料 A 煮 20 分钟，挑出姜、葱备用。

02 粗拉面放入开水中烫 3 分钟捞出摊凉、剪短；圆白菜洗净切丝；胡萝卜去皮切丝，备用。

03 取锅加热后，倒入 1.5 大匙色拉油，放入葱段及剪短的粗拉面，以大火炒 2 分钟，再加入圆白菜丝、胡萝卜丝、葱段及煮好的排骨与调料 B 续炒，直至汤汁收干即可。

主料

粗拉面 250 克，五花排骨 120 克，姜片 20 克，葱 1 根，圆白菜 50 克，胡萝卜 20 克，葱段 20 克

调料

A 盐 1 小匙，酱油 1/2 小匙，糖 1/2 小匙

B 盐 1/2 小匙，酱油 1/2 小匙，糖 1/4 小匙，胡椒粉 1/4 小匙，香油 1 小匙

我国北方民间有“冬至饺子夏至面”的习俗

2009 年 6 月 21 日，天津一家面馆的师傅为顾客现场表演制作拉面和刀削面。

新华社发　赵惠祥 / 摄

小知识

排骨面是一道传统面食，属于家常面食，特点是排骨香酥，面条滑润。主料是排骨、面和青菜。其营养丰富，猪排骨能提供人体必需的优质蛋白质、脂肪，尤其是丰富的钙质可维护骨骼健康。

排骨面

做法

01 排骨肉洗净，用刀背拍松，与所有腌料一起拌匀，腌制 30 分钟；上海青洗净备用。

02 将腌好的排骨肉放入红薯粉中拌匀，放入 170℃—180℃的油中炸熟备用。

03 熟细面与烫熟的上海青放入碗中，加入猪高汤、盐调味，撒上葱花，再将炸好的排骨肉切长条，摆放于面上即可。

主料

熟细面 100 克，排骨肉 1 片，猪高汤 250 毫升，葱花、红薯粉、上海青各适量

调料

盐少许，食用油适量

腌料

酱油、米酒各 1 大匙，白糖 8 克，胡椒粉、蒜末各少许

小知识

在重庆地区几乎每家每户都置有泡菜坛，泡坛中最离不开的就是泡辣椒和泡板姜，用它们烹制的菜肴具有咸鲜微辣、风味浓郁的特点。通过对泡辣椒的巧妙运用，成全了渝菜调味的变化多样性。岁月荏苒，重庆人对泡辣椒烹制的菜肴产生出一种难以割舍的情怀，并将其引入重庆面条的臊子之中。

泡椒鸡杂面就是通过泡辣椒美味的释放去相知见“面”，去品味识“面”。一年四季，无论与它早见“面”或晚会“面”，它始终在“筷挟面条过两江，碗盛五味行巴山”的流连之中。

参考视频

泡椒鸡杂面（重庆）

主料

鲜鸡胗100克，鲜鸡肝50克，鲜鸡腰50克，碱水面条150克，湿淀粉40克，芹菜50克，鲜汤15克

调料

泡辣椒15克，泡姜10克，泡萝卜15克，料酒5克，味精1克，鸡精1克，食盐1克，大蒜5克，老姜5克，大葱15克，植物油50克

做法

01 将鸡胗洗净后用刀剔去表层的白筋膜和内壁层，然后顺着鸡胗按0.3厘米刀距剞进2/3深，再横着鸡胗按0.4厘米的刀距切成片，鸡肝切成薄片，鸡腰切成薄片。

02 泡辣椒去蒂去籽后切成节，泡姜切成片，泡萝卜切成片，芹菜切成3厘米长的节，大蒜切成薄片，大葱切成节。

03 取一料碗，放入鸡杂，下盐、湿淀粉码匀。

04 炒锅置火口上，掺油烧至180℃，放入鸡杂炒至断生下泡辣椒、泡姜末、大蒜片炒至出香，烹入料酒，下芹菜节炒至断生，下味精、鸡精推转起锅成面臊子（此臊子可供2碗鸡杂面使用）。

05 取一碗，将酱油、鲜汤放入。

06 煮锅掺水烧沸，放入面条煮至熟透起锅，挑入碗内，舀入鸡杂即成。

小知识

片儿川是杭州的一种著名汤面，也是杭州奎元馆的特色面点之一。面的浇头主要由雪菜、笋片、肉片组成，鲜美可口，是杭州市民最喜爱的日常面食之一。片儿川面中的雪菜，用的是杭州本地的雪里蕻。

奎元馆的片儿川烹调也与众不同，先将猪腿肉、笋肉分别切成长方薄片，将雪里蕻切成碎末。将锅放在火上，下猪油烧化后，先下肉片略煸，再投入笋片，加入酱油略煸，最后放碎雪里蕻和适量沸水继续炒匀略煮，即成浇头出锅。片儿川原名应为“片儿氽”。奎元馆最早在烹制此面时是将猪肉、冬笋切成极薄的薄片，入沸水中快速氽一下捞起，故名“片儿氽”。后因“氽”与“川”同音，“片儿氽”就被叫成“片儿川”，并一直沿用至今。

参考视频

片儿川面（浙江）

做法

01 猪腿肉切片用少许盐、生粉、料酒腌制一会儿，笋切薄片、雪菜切末待用。

02 将面条放入沸水中煮约半分钟捞起，冷水过凉，沥干水待用。

03 炒锅放中火上烘热，下猪油后放入肉片略煸，放入笋片、酱油再略煸。雪菜下锅同炒，加沸水少许，约 5 秒后将料捞起。原汤中再加沸水，将面条倒入原汤中煮约 2 分钟，加入味精，盛入碗内，盖上雪笋肉片即成。

主料

（10 小碗）

精白潮面 500 克，猪腿 250 克，雪菜 50 克，熟笋肉 100 克

调料

酱油、味精、熟猪油、盐、生粉、料酒各适量

小知识

饸饹又名河漏、河捞，是古老的面食品种。其做工讲究，味美价廉，备受民众喜爱，是西北独特的风味名吃。

平凉饸饹面多用小麦面或荞麦面经反复揉制，使面光滑劲道。把特制的带有漏孔的饸饹床子横跨在大锅之上，将面团通过漏孔挤轧成长条状，直接下在锅里煮熟。其面条细筋柔韧，清香利口，冬可热吃，夏可凉食。

平凉饸饹面（甘肃）

做法

01 将肉切成丁，加入调料，慢火炒 1 个半小时以上。

02 鸡汤加入各种配菜备用。

03 面粉用凉水和成面团，用传统床子将面条压入沸水中，煮 3 分钟后捞出，放入碗中，浇入鸡汤和臊子，放入香菜即可食用。

主料

肉 50 克，面条 350 克，香葱、鸡蛋、韭菜、西红柿、黄花菜若干

调料

香醋、辣椒、盐、食用油、味精、鸡汤少许

小知识

汉末刘熙在《释名·释饮食》中道："饼，并也。……汤饼，掌饼之屠，皆随形而名之也。"古人亦以形状来命名面条的名称，后人也多遵循此传统。铺盖面便为典型之例。因将面团拉扯成较大形状的面片而获得"铺盖"之名，名虽夸饰却与众不同。不少食客觉得"铺盖面"这个名字有点特别，当他们大快朵颐此面之后，便一切都明白了，"铺盖面"果然名副其实。

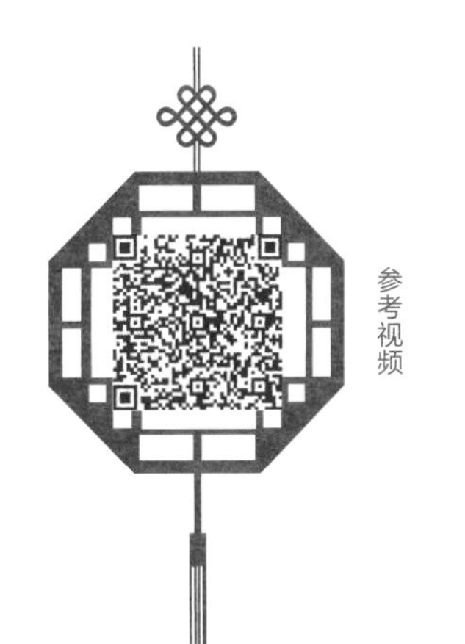

参考视频

铺盖面（重庆）

做法

01 面粉中加入用盐 2 克加水调化的盐水揉合后静置待用。

02 盐 1 克兑成盐水。

03 锅中掺入筒骨鸡汤烧沸，将面团扯成大而薄的面片入锅，煮至断生后捞于碗内，放入猪化油、盐水、味精、鸡精，舀入杂酱、白豌豆，撒上葱花即成。

主料

高筋粉 100 克，白豌豆 50 克，杂酱臊子 50 克，色拉油 15 克，猪筒骨老母鸡汤 3000 克（耗 50 克），猪化油 5 克

调料

味精 1 克，鸡精 1 克，小葱 5 克，食盐 3 克

小知识

莆田卤面是福建莆田的一道传统美食，是莆田知名的美食，更是莆田历来款待亲朋好友必不可少的一道主菜。做莆田卤面最好用本地正宗的面，莆田手工的线面，以纯手工制作而有着独特的魅力，线面在莆田也叫长寿面，莆田手工线面不但好吃，而且Q滑，不但营养丰富，而且味道鲜美，品味香甜、滑润、浓郁。

莆田卤面（福建）

做法

01 将猪瘦肉切成丝状，香菇切成丝状，鸡蛋磕入碗中打散。

02 炒锅放旺火上，舀入熟猪油烧热，下葱、姜、蒜末煸香，并下肉丝、蛏肉、虾仁、香菇、大白菜略炒，放入肉清汤，下芹菜、芥兰菜、韭菜、海蛎，鸡粉、精盐调味，放入面条余热煮透，待面汤浓稠捞起，装入汤碗中，撒上香油、香菜、五香粉即可食用。

主料

面条 400 克，猪瘦肉 100 克，蛏肉 50 克，鲜虾仁 100 克，海蛎 50 克，大白菜 100 克，水发香菇 10 克，鸡蛋 1 个，芹菜 20 克，芥兰菜 20 克，韭菜 20 克

调料

熟猪油 30 克，精盐 5 克，肉清汤 800 克，鸡粉 6 克，葱、姜、蒜末各 3 克，香油、香菜、五香粉各适量

小知识

普济素面用菠菜和面粉做成色泽鲜绿、滋味清香、富有营养的菠菜面，其富有保护视力、抗衰老等营养价值，适应回归自然的饮食潮流。如果将它做成两吃，则更能迎合不同口味人群的需要。

参考视频

普济素面（浙江）

做法

01 将菠菜洗净用榨汁机榨汁，加入面粉、鸡蛋、精盐搓成面团，做成菠菜面后煮熟捞出，过冷水即可待用。

02 锅里加适量的素高汤、少许精盐、白味噌调味，放入熟菠菜面烧开出锅装盘，摆上焯水过的小菜胆、樱桃萝卜、松茸菇球（松茸切碎制成丸子）。

03 盘里放适量的熟菠菜面，放入准备好的小料（黑椒杏菇、黄瓜卷、泡萝卜），再淋入秘制酱。

主料

菠菜面 200 克，小青菜 25 克，樱桃萝卜 25 克，松茸菇 25 克，杏鲍菇 25 克，萝卜 25 克，黄瓜 25 克

调料

素高汤 250 毫升，精盐少许，白味噌 25 克，秘制酱适量

小知识

俗名面线。起源于朝鲜族，用精制小麦粉高温压制而成，因需冷食而得名冷面。后来传到沛县，因冷食不适宜南方人食用，改为冷面热食，流传至今，成为具有沛县特色的地方小吃。沛县冷面是用纯天然精致小麦粉加工而成的，不含任何添加剂，营养丰富，香辣爽口，柔软筋道，回味无穷，深受广大消费者喜爱。

参考视频

沛县冷面（江苏）

做法

01 将洗净的整块牛羊大骨或排骨肉配上葱、姜、蒜、香料在沸水中煮到可用铁叉子插入时，把肉块捞出（肉块可以稍后加在冷面里，老汤做面汤）。

02 切葱白、香菜、荞麦面条（冷面）在水中（50℃热水）泡软。

03 准备好面码儿和面汤后，把冷面放入沸水中烫软（一般6—10秒），直到面条筋道。

04 在碗里倒入煮肉的大骨老汤，再将烫好的冷面盛入骨汤里，面条上放上切好的牛肉片和熬制的酱料（每家饭店的酱料不同，所以味道不尽相同），加入葱花及香菜（适量油炒辣椒面及醋），即可上桌。

主料

牛肉（排骨肉或腱子肉）、葱白、大蒜、荞麦面条各适量

调料

生抽、精盐、醋、油辣子、蒜花或葱花、姜、香菜各适量

小知识

蓬莱小面有200多年的历史，其用料、做工、火候十分讲究，制作工艺和口感别具地方特色。据民间传说，蓬莱小面由清末著名爱国将领宋庆父亲所创，开始为宋家私房菜，后流传到蓬莱各地。其最明显的特色是“三分小面七分卤”，卤选用渤海湾出产的黄黑鱼、鸡、棒骨汤等多种食材制作而成，香鲜浓郁；面粉选用当地高筋小麦粉，口感筋道。吃面的动作从一搅拌、二挑看、三品尝开始。盛面的碗一般都是玲珑小碗，只盛得一两，遇到能吃的山东大汉，几乎一口一碗。它还有个特点是精细，三五斤重的一块面团，经过搓条和反复摔打、抻拉，茶碗粗的面棍顷刻间变成根根细如银丝、条条绵如垂柳的一大把面条，具有筋、韧、柔、软的特点。

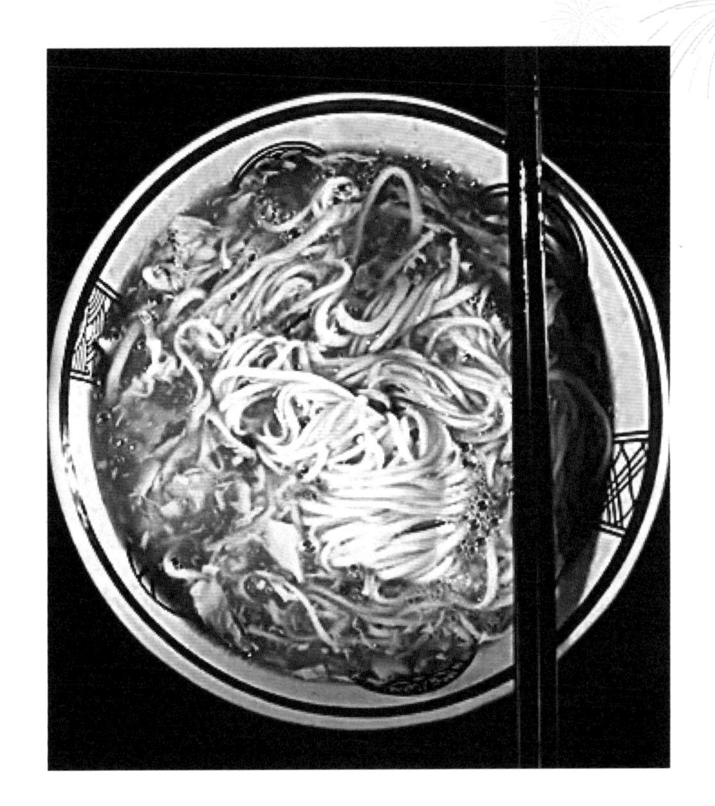

参考视频

蓬莱小面（山东）

主料

小麦粉5000克，黄黑鱼500克，水3000—3500毫升，鸡蛋100克（50小碗）

调料

淀粉25克，酱油10克，姜15克，葱25克，食盐5克，味精3克，烹饪黄酒10克，清汤（棒骨汤）750克，香油3克

和面用调料：碱25克，食盐70—100克

做法

01 制卤。黄黑鱼去磷、内脏，鳃洗净。葱姜切丝、切米各半。黄黑鱼装盘，撒上葱姜丝，淋烹饪黄酒，上屉蒸熟取其肉。鸡蛋碗内打散，制成蛋液。淀粉溶水，浸泡一夜后，过滤制成水淀粉。将蒸鱼原汤倒入锅内，加清汤（棒骨汤）、葱姜米煮汤；加食盐、味精、酱油、调味；锅烧开，用水淀粉勾成溜芡，淋上鸡蛋液，加黄黑鱼肉、香油。

02 和面。将5000克面粉、3000克水、食盐（夏季70克、冬季50克、春秋季60克）混合和面，揉成面团。将25克碱融入500克水中形成碱水，碱水分三次加入面团。应在每次加入碱水后，将面团揉至光滑。将面团醒半小时后备用。

03 制作。将醒好的面团进行抻条，每根条应反复对折溜条，抻至均匀。每次宜取用1500—2000克。将溜好的条进行抻制，对折抻拉7次，形成256根面条。锅内加水烧开，将抻好的面条，下锅煮熟，捞出过凉，每碗100克，浇卤即可。

小知识

海参高蛋白、低脂肪、低糖且富含各种人体所必需的氨基酸、维生素、脂肪酸以及常量和微量元素。鱼露，又称鱼酱油，是一种广东、福建等地常见的调味品，是闽菜、潮州菜和东南亚料理中常用的水产调味品，用小鱼虾为原料，经腌渍、发酵、熬炼后得到的一种味道极为鲜美的汁液，色泽呈琥珀色，味道带有咸味和鲜味。

全家福汤面

做法

01 将水发海参、大虾仁洗净，带子、口蘑、香菇洗净切片，一同入沸水中氽一下，捞出沥水。

02 锅内加清水烧沸，下入切面煮熟，捞入碗中。

03 炒锅上火，加油烧热，下葱段、姜片炝锅，烹绍酒，加鲜汤，下入海参、大虾仁、带子、口蘑、香菇、油菜心及鱼露、盐，汤沸即离火，倒入面碗中，淋辣椒油即可。

主料

家常切面 200 克，水发海参 30 克，大虾仁、带子各 25 克，口蘑、水发香菇各 15 克，油菜心 20 克

调料

鱼露、绍酒、盐、红辣椒油、葱段、姜片、鲜汤、植物油各适量

小知识

相传，被誉为“古代水利专家”的晚清名臣丁宝桢，任山东巡抚期间巡查运河，途中在东光县落脚，当地官员煞费苦心地准备了满满一桌的美食款待贵宾，然而一向清正廉洁的丁宝桢却尤为随意，只要了一碗清水煮面条，随便用桌上的炒菜当作酱卤饱餐了一顿，并颇有风趣地称之为“全卤”，由此全卤面便名声鹊起，在当地广为流传。如今关于全卤面起源的种种传闻，已经很少有人提及，然而这符合北方人饮食喜好的全卤面，却凭借其口味丰富、灵活多变、平易近人的特点，留在了寻常人家的餐桌上，备受青睐。

全卤面（河北）

做法

01 和面过程当中只加入少许的水，尽量保证面团的硬度，加入鸡蛋和食盐可以让面的口感更加劲道。

02 擀好的面片儿按照下宽上窄的规律一层一层地折叠整齐，这样便于下一步改刀切条。

03 热锅下油，放入少许葱姜炝锅，放入猪肉炒至变色，放入长豆角，加入酱油、五香粉、蚝油炒匀，依次做好西红柿卤、茄子卤等。

主料

面、西红柿、茄子、肉酱、鸡蛋、韭菜、黄瓜、胡萝卜、白菜、豆角、火腿各适量

调料

辣油、酱油、五香粉、蚝油、蒜末、盐、葱末、姜末各适量

小知识

没有季节的限定，一碗酸甜爽口的荞麦冷面是抚平燥热的好办法。搭配上铁碗增加了吃面的仪式感与趣味性。喝一口酸甜爽口的汤汁让你瞬间胃口大开，接下来就是想着如何征服浸在汤中的面条。

荞麦冷面

做法

01 荞麦面煮熟后用冰水冲洗，使面条降温并冲去面条的黏液与涩味。

02 将荞麦面盛盘后撒上海苔。

03 再将荞麦凉面汁装入深底小杯中，依个人喜好酌量加入葱花、芥末及七味粉拌匀，食用时取荞麦面浇上汤汁即可。

主料

荞麦面 100 克，海苔、葱花各适量

调料

荞麦凉面汁、芥末、七味粉各适量

小知识

台湾小吃，又称摊面，有“意面”和“切仔面”两种。切仔面以油面、米粉或河粉（闽南语称“粿仔”）为原料，装入长柄竹勺，在开水锅里抖动烫熟，故称切仔面。切仔面配料简单，略加瘦肉一、两片，豆芽菜，浇卤肉汤汁即可。台湾的摊面以担仔面（参见“担仔面”条）居多，台南夜市和台北圆环一带还有一种鳝鱼意面最具特色。

切仔面

做法

01 韭菜洗净、切段；豆芽去根部洗净，与韭菜段一起放入沸水中氽烫至熟捞出；熟猪瘦肉切片，备用。

02 把油面放入沸水中氽烫一下，沥干后放入碗中，加入氽烫过的韭菜段、豆芽与熟猪瘦肉片。

03 把高汤煮开后，加入所有调料拌匀，放入面碗中，再加入香菜即可。

主料

油面 200 克，韭菜 20 克，豆芽 20 克，熟猪瘦肉 150 克，高汤 300 毫升，香菜少许

调料

盐 1/4 小匙，鸡精、胡椒粉各少许

小知识

中国栽培茄子历史悠久，类型品种繁多，一般认为中国是茄子的第二起源地。茄子的营养丰富，含有蛋白质、脂肪、碳水化合物、维生素以及钙、磷、铁等多种营养成分。在抗癌、防衰老以及降低胆固醇保护心血管方面都有着出色的表现，是佳肴，也具有很好的保健效果。

茄子氽拌面

做法

01 茄子去皮，洗净切丁；五花肉洗净切丁；尖椒洗净，去蒂及籽，切丁。

02 锅入油烧热，下一部分葱段、姜末、蒜块煸香，下肉丁炒至变色，加茄丁、尖椒丁稍炒，再放剩余葱、姜、蒜，加白糖、盐、酱油调味，盛出。

03 将面条抖散，放入蒸屉中蒸 2 分钟，再放入沸水中煮，浇上适量凉水拔一下，放入炒好的茄子拌匀即可。

主料

圆茄子 100 克，五花肉 100 克，尖椒 30 克，面条 250 克

调料

葱段、姜末、蒜块、白糖、酱油、盐、植物油各适量

小知识

茄子肉丁面的卤汤汁浓稠，香而不腻，配上手擀面，那真是家常的味道。肉可选用猪五花肉，炒至肉的颜色微焦，让肥肉部分的油浸出，增添香味。吃茄子时最好不要去皮，茄子皮富含花青素，对人体有好处。

茄子肉丁面

做法

01 茄子洗净切小块，大蒜去皮切末，猪肉洗净切丁后用白酒、盐和干淀粉腌制 10 分钟。

02 油锅烧热，转中火放入大蒜末爆香。

03 放入腌好的猪肉，煸炒至颜色变白，转中小火，放入茄子翻炒至茄子边缘变半透明。

04 加入甜面酱、糖和蚝油，翻炒均匀，倒入水，大火煮开后转中火焖煮。

05 焖煮至汤汁变浓稠关火，浇在煮好的面上，撒上香菜碎即可。

主料

茄子 185 克，猪肉 85 克

调料

糖 3 克，白酒 3 克，盐 2 克，干淀粉 2 克，油 30 克，大蒜 10 克，蚝油 25 克，甜面酱 30 克，水 200 毫升，香菜碎适量

小知识

回汉等族民间食品。流行较广，盛行于甘肃兰州等地。又称“清汤牛肉面”。做时，先问顾客喜吃宽、窄、粗、细，当场抻拉，投入沸水锅中煮熟，捞于大碗之中，浇上牛肉汤，加少量牛肉丁、香菜、辣椒油等即可。此面味道鲜浓，嚼之有劲，人们喜食，通常作为早餐。

清炖牛肉面

做法

01 将细拉面放入沸水中煮约 3 分钟，其间以筷子略微搅动数下，即捞出沥干备用。

02 小白菜洗净后切段，放入沸水中略烫约 1 分钟后，捞起沥干备用。

03 取一碗，将煮好的细拉面放入碗中，再倒入清炖牛肉汤，加入汤中的牛肋条段，放上烫过的小白菜段与葱花、香菜即可。

主料

细拉面 150 克，清炖牛肉汤 500 毫升，小白菜适量

调料

葱花、香菜少许

小知识

岐山臊子面源于周秦故里的岐山县，因色香味俱全，且在食俗中体现着“崇德、尊老、敬长、慈幼”等传统美德，堪称中华饮食文化的活化石。有“薄、筋、光、煎、稀、汪、酸、辣、香”九大特点，配色充分体现了阴阳五行理念。“五色”（黄色的鸡蛋皮、黑色的木耳、红色的红萝卜、绿色的蒜苗、白色的豆腐）及“五菜”（根、茎、叶、花、藻）等，使岐山臊子面既好看又好吃。

参考视频

岐山臊子面（陕西）

主料

高筋粉 1000 克，五花肉 1000 克，鸡蛋 2 个，红萝卜、蒜薹或豆角各 50 克，黄花、黑木耳各 20 克，豆腐 90 克，蒜苗各 10 克（10 小碗）

调料

盐、醋、五香粉、辣椒面、菜籽油、姜末各适量

做法

01 臊子。取五花肉若干切成小块，肥瘦分开；把大油化开，加入适量菜油，先将肥肉放进油锅，慢火将肉油浸出，再放进瘦肉，文火至七成熟，调上盐、醋、五香粉、辣椒面缓火 1 小时即成。

02 面条。每千克面掺碱 3 克加水搅和，先拌后搓，以硬为宜，再用杠压，反复多次，揉成面块，以软为宜；擀薄，切细切宽均可。

03 将干金针菜、黑木耳分别用冷水浸泡 20 分钟，洗净后剪去根蒂，备用。

04 底菜。取红萝卜、蒜薹（春）或豆角、黄花、木耳、海带、豆腐若干，切碎炒熟。

05 漂菜。鸡蛋摊成薄饼，切成菱形小片，蒜苗或韭菜少许切细（蒜苗漂菜最佳）。

06 调汤。在锅内放菜油少许，烧熟；倒入生姜末、盐、醋，再加入适量开水，烧沸 2、3 分钟；然后放入臊子、漂菜及底菜（底菜打在碗中也可），使汤始终保持近乎煎沸的热度。

07 煮面。锅内烧开水，加入面条煮至水开，再加一次冷水，煮熟。

08 捞面。每碗捞面不可太多，一般半两左右，将汤浇定。

秦安辣子面的特点是面有韧劲，香辣爽口，再配上一碗浆水热汤，是秦安面食文化的一大特色，真的是“吃完辣子面，赛过活神仙”。

秦安辣子面（甘肃）

做法

01 将面粉用适量的碱水揉至面团光滑、放入机器中经反复挤压到面片瓷实紧致，切成麦秆细或韭叶宽的面条。

02 起锅烧油至七成热、辣椒粉泼上用大香、花椒、葱花等配制成油泼辣子。

03 锅内煮熟，捞入碗中，配以油泼辣子、香醋即可食用。

主料

面粉 500 克

调料

香醋 2 克，秘制辣椒粉 5 克、胡麻油 10 克，花椒、葱花、精盐等

小知识

清水扁食作为当地居民早餐中最受青睐的小吃，有荤素、核桃、酸菜、杂粮等多个种类。扁食算不上精细别致吃食，有种粗犷豪放质朴的感觉，和淳朴、勤劳的清水人性格吻合，因此传承千年，让人百吃不厌。“扁食”与“遍食”谐音，是人们寄希望生活更加美好，遍食天水美食之意，因此，扁食已成为清水人民的传统美食。

参考视频

清水扁食（甘肃）

做法

01 取上好的五花肉，起 1 厘米薄厚的长条，切成肉丁，配以盐、醋、酱油、料酒等各种调料腌制片刻，再用慢火炒制成臊子。

02 精面粉揉至成团，手擀后切成大小合适的梯形面片。

03 在面片中包少许韭菜末包成了耳朵状的扁食。

04 包好的扁食在沸水中滚过两水便可出锅。

05 出锅后的扁食浇上精心炒制的臊子，放些许葱花，调上油泼辣子、醋、盐即可食用。

主料

五花肉、精面粉、韭菜各适量

调料

盐、醋、酱油、料酒、葱花、油泼辣子各适量

小知识

荞面河捞是晋北人民常食的一种面饭。因气候原因，当地盛产荞麦，加工成荞面后，用河捞床子将荞面压成细而长的圆状条面，吃时浇以各种浇头，吃汤面亦可。特别是配以羊肉臊子，肉暖面寒，暖寒调和，味道鲜美，食用最佳。荞麦在所有谷类中被称为最有营养的食物，李时珍《本草纲目》载："荞麦最降气宽肠，故能炼肠胃滓滞，而治浊滞、泻痢、腹痛、上气之疾。"

荞面河捞（山西）

做法

01 把荞面倒入盆里，用水调拌均匀，再掺入碱水，揉好扎软。

02 将河捞床放于开水锅上，揪一块面填入河捞床眼里。

03 用手按住河捞床把，用力将面压出成条，落入开水锅内。

04 煮熟捞出，加入汤，浇上羊肉臊子即可使用。

主料

荞面 1000 克，水 300 克，碱面少许（10 小碗）

调料

羊肉臊子

小知识

“来碗喜事面，以后喜连连”，喜事面原是曲阳民间红白喜事时上的一道主食，后来因其制作简单、色香味俱全、老少咸宜，逐渐发展成为各个饭店主推的一道主食，是古北岳文化孕育出的一道特色美食。喜事面的食材较为常见，一碗地道的手擀面加上鲜香浓郁的喜事卤，让人吃了以后念念不忘，回味无穷。

参考视频

曲阳喜事面（河北）

做法

01 香葱、木耳、菠菜、黄花菜切丝，豆腐切条，烧肉切丁，鸡蛋打匀备用。

02 起锅烧油，放入烧肉，放入花椒、大料、蒜瓣、生姜爆香，放入烧肉、香葱、木耳、豆腐及调料。

03 少许热水加入锅内，转小火，放入黄花菜，开锅后淋入鸡蛋打花，撒入菠菜。

04 手擀面入水煮熟捞出，淋上之前做好的卤即成。半面半卤为最佳。

主料

手擀面 100 克，烧肉 20 克，香葱 10 克，木耳 10 克，豆腐 10 克，菠菜 15 克，黄花菜 10 克，鸡蛋 1 枚

调料

花椒、大料、蒜瓣、生姜各 5 克，植物油 15 克，甜面酱、酱油、盐适量

小知识

齐氏大刀面源于清朝，创始人乃开封市小宋乡小宋集的齐东魁，他在民间大刀面的基础上大胆创新。精选优质面粉、鸡蛋清、食盐、小苏打等，手工和面，经擀面杖八擀八推八压，使面皮犹如白绫，薄至透明显影，再用长 3 尺、宽 5 寸的大刀切面，切出的面细如发丝能穿针、长而不断。煮出来的面清香、松软，光滑、爽口，广受人们的喜爱，是河南省开封市的特色面食。

参考视频 1

参考视频 2

齐氏大刀面（河南）

做法

01 选用特制精白面粉，用鸡蛋清和面。

02 醒面 72 小时后，用两个擀面杖擀成面皮儿。

03 用大刀切成薄如纸、细如线、筋而不断的面条。

04 水开下面，只要十几秒钟，面条浮起即熟，浇上汁即可食用。

夏季，用蒜汁、香醋、芝麻酱、小磨油、姜末、葱花、香油凉拌，营养丰富，清香爽口，味道鲜美。冬季，浇上用鱼、虾肉、大葱、生姜等慢火精炖而成的汤汁，醇香可口，味道宜人。

主料

高筋面粉、鸡蛋清

调料

蒜汁、香醋、芝麻酱、小磨油、姜末、葱花、香油等各适量

小知识

绿豆芽在汆烫时，可在水中加一些姜汁和米酒，就不怕会有豆腥味。鲜度佳的绿豆芽，根茎部分偏白具光泽，而绿豆芽则以未开为上等，保存时放入塑料袋内封好，再放入冰箱中冷藏即可。

肉丝绿豆芽凉面

主料

油面 250 克，猪肉丝 200 克，绿豆芽 20 克

调料

芝麻酱 2 大匙，色拉油 1 大匙

做法

01 热锅，倒入色拉油后放入猪肉丝，炒约 3 分钟至熟。

02 取一汤锅，待水滚沸后，将油面放入汆烫即可捞起，再冲泡冷水后沥干。

03 取一盘，放上油面并倒上少许油拌匀，且一边将面条拉起吹凉。

04 将绿豆芽洗净汆烫后，泡冷水至凉，即可捞起沥干备用。

05 取一盘，将油面置于盘中，再铺上绿豆芽，放上猪肉丝，最后均匀淋上芝麻酱即可。

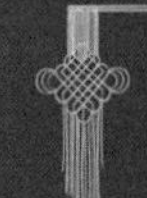

小知识

燃面是宜宾美食的招牌，原名叙府燃面，早在清朝光绪年间，便开始有人经营，一直延续至今，成为宜宾具有传统特色的名小吃。因其油重无水，引火即燃，故名燃面。

面条松散红亮、香味扑鼻、辣麻相间、味美爽口，可谓巴蜀一绝。

燃面（四川）

做法

01 热锅注油，烧至四成热，倒入花生米，炸约1分30秒至其熟透，捞出花生米，沥干油，放凉待用。

02 把放凉的花生去除外衣，用杵臼捣成花生碎，待用。

03 锅中注水烧开，放入碱水面，加入盐，拌匀，煮至碱水面熟软，捞出碱水面，沥干水分，待用。

04 用油起锅，倒入肉末，炒至变色；加入生抽，炒匀，放入芽菜，炒香。

05 淋入料酒，炒匀，注入少许清水，拌匀，加入盐、鸡粉，炒匀调味，用水淀粉勾芡。

06 关火后盛入装有面条的碗中，撒上葱花、花生末。

07 加入生抽、芝麻油、辣椒油，拌匀调味，盛出即可。

主料

碱水面130克，花生米80克，芽菜50克，肉末30克

调料

盐3克，鸡粉2克，生抽5毫升，料酒4毫升，水淀粉、芝麻油、辣椒油、食用油、葱花各适量

小知识

说到武汉第一个想到的就是热干面了，加了碱水的面条爽滑筋道、面上浇满的芝麻酱味香浓郁，撒上的辣萝卜丁和花生碎锦上添花。虽然从古到今热干面都在发生着微妙的变化，但不变的是人们对热干面的喜爱。

热干面

做法

01 锅中倒入适量清水，用大火烧开。
02 放入碱水面，煮约1分钟至软。
03 把煮好的面条捞出，盛入碗中。
04 淋入芝麻油，拌匀，备用。
05 锅中倒入适量清水，用大火烧开，加入盐。
06 再放入面条，烫煮约1分钟至熟。
07 把面条盛入碗中，加入盐、鸡粉，倒入萝卜干、金华火腿末。
08 加入生抽、芝麻酱，倒入芝麻油，撒上葱花、花生碎，用筷子拌匀，调味。
09 把拌好的热干面盛出装盘即可。

主料

碱水面100克，辣萝卜丁30克，金华火腿末20克

调料

盐6克，芝麻酱10克，芝麻油10毫升，生抽5毫升，鸡粉2克，葱花、花生碎、香菜各适量

小知识

肉羹是台湾传统羹类料理具代表性的一种，也是台湾河洛料理的代表菜色之一，是普及于台湾市集贩售的猪肉副食制品，食用历史悠久。

肉羹面

做法

01 里脊肉洗净切丝，放入腌料中腌制入味后拌入淀粉，再裹上鱼浆，放入沸水中煮至浮起捞出，保留汤汁。

02 汤汁煮沸，放入柴鱼、白菜段、香菇丝、适量白糖、陈醋及盐拌匀，以水淀粉勾芡，加入里脊肉，放入面条和香菜即可。

主料

熟全麦面 100 克，里脊肉、白菜段各 100 克，鱼浆 100 克，柴鱼 20 克，香菇丝 30 克

调料

盐、白糖各 3 克，香菜、水淀粉、淀粉各少许，陈醋 5 毫升

腌料

白糖 15 克，米酒 15 毫升，香蒜油 12 毫升，白胡椒粉少许

小知识

“肉骨”是采用猪的肋排（俗称排骨）；而“茶”则是一道排骨药材汤。即以猪肉和猪骨，混合中药及香料，如当归、枸杞、玉竹、党参、桂皮、牛七、熟地、西洋参、甘草、川芎、八角、茴香、桂香、丁香、大蒜及胡椒，熬煮多个小时的浓汤。20 世纪初，由马来西亚福建籍华侨首创。

肉骨茶面

做法

01 肉骨茶汤头加调料煮开；面条烫熟捞起置于碗中备用。

02 取之前熬煮汤头中的熟猪排骨切小块，油条撕小块，铺于烫熟的面上，淋上煮开的肉骨茶汤头即可。

主料

面条 150 克，肉骨茶汤头 500 毫升，熟排骨 200 克，油条 1 根

盐 1/2 小匙

小知识

饶阳仇氏金丝杂面产生于清雍正年间，是皇宫贡面，曾获孙中山先生颁发的奖状。饶阳仇氏金丝杂面配料讲究、制作精细、营养丰富、口感滑润，从和面、擀面、切面、盘把、晾干、包装都是纯手工制作。它既可以制成汤面食用，也可作为涮牛羊肉的佐餐，或加入辣椒段炒制成“干炒杂面”，入口爽滑、味道鲜美、营养丰富、自然纯正、延年益寿。

饶阳金丝杂面（河北）

做法

01 香菜、葱洗净，香菜切段，葱切丝。

02 调汤，可用鸡汤，也可用鸭汤或排骨汤，汤内加肉桂、白胡椒、姜片等材料勾兑均匀。

03 开锅下面，淋入香油，撒些香菜、葱丝，连汤带面一起食用。

主料

绿豆面 80 克，小麦面 10 克

调料

鸡汤、香油、香菜、葱丝、肉桂、白胡椒、姜片各适量

小知识

猪肉最好选择七分瘦三分肥的，口感最好；由于酱油中含有盐分，制作时少量加盐即可；面煮熟后立即捞出过冷水，可以避免粘连。

肉臊面

主料

油面 100 克，猪肉末 200 克，红葱头 15 克，米酒 10 毫升

调料

酱油膏 5 克，酱油 3 毫升，陈醋 3 毫升，姜片 5 克，五香粉、肉桂粉、甘草粉各 1 克，冰糖 6 克，蒜 5 克，高汤 150 毫升，盐 2 克，香油 5 毫升，葱花、食用油各适量

做法

01 热锅放入食用油，爆香切碎的红葱头，再放入猪肉末炒散。

02 加入所有卤汁材料，将猪肉末卤至入味，再加入米酒与香油，拌匀即成肉臊。

03 将油面放入沸水中烫熟，捞起沥干放入碗中，拌入适量肉臊及葱花即可。

小知识

荣州羊肉面、荣州鸡杂面均选用荣县特产手工面，融入“荣州三绝”美食，配以荣县本地原材辅料辣椒、生姜等精心制作而成。通过特殊的熬制方法使得羊肉温补而不上火，其加入野山椒，小米椒使得汤味清爽而不油腻，形成独特的荣州羊肉面。不但味美有嚼劲，且滋补营养。

荣州羊肉面（四川）

做法

01 准备好手工面（特制）；野山椒，红小米椒；葱，香菜，大蒜；味精，鸡精，青花椒粉。

02 卤制羊肉（腰方），卤制羊肉是秘制配方，将卤水大火烧开后加入精选羊肉大火卤 8 分钟左右，后再用小火卤 12 分钟左右，让羊肉细滑而又有嚼劲，独特的中药配方使得羊肉温补而不上火，把做好的羊肉切块备用。

03 准备大碗一个，碗中备好的鸡精，味精，青花椒粉，适量的野山椒、大蒜、葱，加入高汤备用。

04 煮面锅内宽水烧开后入面 30 秒内捞出面盛入备好的碗中。

05 加入切好的羊肉后，放红小米椒、香菜。一碗清爽而不油腻的羊肉面即成。

主料

面 500 克，羊肉 500 克

配料

野山椒、小米椒、葱、香菜、大蒜各适量，秘制养生汤

三鲜炒面

做法

01 鱼肉洗净切片；墨鱼清理洗净切花；洋葱洗净切丝；青菜洗净切段，备用。

02 取锅烧热后，加入2大匙色拉油，放入洋葱丝与黑木耳丝略炒，加水与所有调味料，待滚后放入油面，盖上锅盖以中火焖煮3分钟。

03 锅内加入鱼肉、墨鱼与虾仁，掀盖煮2分钟，最后放入青菜段翻炒即可。

主料

油面250克，鱼肉50克，墨鱼1只，洋葱1/4个，水300毫升，青菜30克，虾仁60克，黑木耳丝适量

调料

盐1/2小匙，蚝油1大匙，米酒1大匙，色拉油2大匙

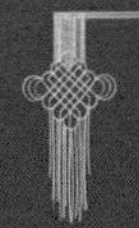

小知识

山药面饸饹是河北安平县的一道特色美食，是选用安平县小白嘴山药汁和面制作的饸饹面，其食材简单，做法简便，面条口感爽滑筋道，营养丰富，再配上自制的牛肉汤，滋味鲜香无比，让人垂涎。

山药面饸饹（河北）

做法

01 小葱、香菜洗净沥干水分切段，牛肉、牛棒骨汤，牛肉煮熟捞出。

02 和面。小白嘴白山药榨汁和面，放少许盐，醒面30分钟备用。

03 锅烧开水，架饸饹床，将醒好后的面团放饸饹床压制，煮熟后捞出装碗。

04 倒入调好味的牛肉汤，撒葱花、香菜，放切好的牛肉片即可食用。

主料

小白嘴白山药 350 克，白面 500 克，榆皮面 50 克，牛肉（金钱腱）40 克，牛棒骨 1 根

调料

小葱 8 克，香菜 8 克，味精、鸡粉、盐各适量

小知识

紫菜烤熟之后质地脆嫩，入口即化，特别是经过调味处理之后，添加了油脂、盐和其他调料，就摇身变成了特别美味的海苔。海苔浓缩了紫菜当中的各种维生素，还含有15%左右的矿物质，这些矿物质可以帮助人体维持机体的酸碱平衡，有利于儿童的生长发育，对老年人延缓衰老也有帮助。

汕头鱼面

做法

01 高汤煮滚后加入所有调味料拌煮均匀，盛入碗中备用。

02 面条放入开水中煮约15分钟，放入绿豆芽汆烫，捞起沥干水分，放入做法1的碗中。

03 加入叉烧肉片、海苔片即可。

主料

汕头鱼面条200克，叉烧肉片2块，绿豆芽30克，海苔1片，高汤350毫升

调料

盐1/2小匙，胡椒粉1/4小匙，香油1/4小匙

三丁面

做法

01 笋片用开水焯一下，切丁。

02 黄瓜洗净切丁，豆腐干切丁。

03 锅内加花生油烧热，炒散肉末，再加入葱花、豆腐干丁、笋丁和黄瓜丁炒匀盛出。锅内加油烧热，爆炒豆瓣酱和甜面酱，加入料酒、米醋、白糖炒匀，倒入炒好的丁料，炒匀成炸酱。

04 锅内加水烧沸，放入面条煮熟，入凉开水中浸凉，盛碗内，加炸酱拌匀即成。

主料

猪瘦肉末 50 克，笋片、豆腐干、黄瓜各 20 克，面条 250 克，葱花适量

调料

料酒、米醋、豆瓣酱、甜面酱、花生油、白糖各适量

小知识

做炒面要选那种不容易煮烂的面条，不要煮太久。煮面条的时候，在水里放点盐和油，可以防止面条粘连。

炒面条前，要先将锅烧热，再放入油，将锅转一圈让油均匀布满锅底（俗称“趟锅”），然后再炒面条，就不会粘锅底。

翻炒时要用筷子，不要用锅铲，以免把面条铲断。

三丝炒面

做法

01 胡萝卜、圆白菜洗净切细丝，火腿切细丝，香葱洗净切长段。

02 锅中放入水、少许盐、色拉油，大火烧开，放入面条煮至水开。

03 倒入 1/3 碗凉水，水开后再加入 1/3 碗凉水，直至面条变软，捞出晾干。

04 锅入油烧热，放胡萝卜丝、圆白菜丝炒至断生。

05 再放入火腿丝，翻炒片刻。

06 倒入煮好的面条，用筷子翻炒均匀。

07 调入盐、生抽、老抽、鸡精，翻炒至面条均匀上色。

08 再放入香葱段，翻炒片刻即可。

主料

面条 150 克，胡萝卜 30 克，火腿 50 克，圆白菜（包菜）40 克

调料

盐 1/3 小匙，生抽 1 大匙，老抽 1 小匙，鸡精 1/4 小匙，香葱 15 克，色拉油 1 大匙

素拌面

做法

01 面粉加水和成面团，用擀面杖擀成薄面片，切成面条，煮熟，盛入碗中。

02 将榨菜末、葱末、菠菜段放入面条碗中。

03 芝麻、酱油、盐、辣椒油、香油兑汁，浇在面条上即成。

主料

面粉300克，菠菜100克，榨菜50克

调料

盐、香油、酱油、辣椒油、葱末、芝麻各适量

沙茶拌面

主料

阳春面 100 克

调料

沙茶酱 1 大匙，猪油 1 大匙，盐 1/8 小匙，蒜末 12 克，葱花 6 克

做法

01 将蒜末、沙茶酱、猪油及盐加入碗中一起拌匀。

02 取锅加水煮开后，放入阳春面用小火煮 1—2 分钟，其间用筷子搅动将面条散开，煮好后捞起，并稍加沥干备用。

03 在煮好的面上放上少许做法 1 的材料，再撒上葱花即可。

小知识

沙茶酱，也称沙茶，又称沙爹，是潮汕话的外来词，沙茶酱是起源于马来语地区，后传至潮汕，盛行于福建省、广东省等地的一种混合型调味品，含有较高的蛋白质、糖以及脂肪。

沙茶羊肉羹面

做法

01 热锅，加入适量食用油，爆香部分蒜末，加入羊肉片拌炒，续加入适量盐、沙茶酱、米酒炒熟后盛起。

02 重新加热原锅，放入食用油爆香剩余蒜末，加入剩余沙茶酱炒香，再倒入高汤、熟笋丝及剩余盐、酱油、白糖、鸡精煮开，用水淀粉勾芡，即为羹汤。

03 将油面煮熟后盛入碗中，加入炒熟的羊肉片、羹汤及洗净的罗勒即可。

主料

油面200克，羊肉片100克，熟笋丝20克，高汤500毫升，蒜末、水淀粉、罗勒各适量

调料

沙茶酱、鸡精、盐各适量，米酒1小匙，酱油1/2大匙，白糖1/2小匙，食用油适量

小知识

鱿鱼营养丰富，肉质鲜美，历来为广大消费者所喜爱，它和墨鱼、章鱼等软体腕足类海产品在营养功用方面基本相同，都是富含蛋白质、钙、磷、铁，以及硒、碘、锰、铜等微量元素，对骨骼发育和造血十分有益。

沙茶鱿鱼羹面

做法

01 黄花菜泡软洗净去蒂，和笋丝、白萝卜丝一起入沸水中汆烫至熟，捞出放入高汤中以中大火煮开，加入盐、白糖、酱油和柴鱼片煮沸。

02 以水淀粉勾芡，加入沙茶酱和鱿鱼羹拌匀，即为沙茶鱿鱼羹。

03 油面放入沸水中汆烫，捞起，盛入碗中，加入适量的沙茶鱿鱼羹及洗净的罗勒即可。

主料

油面 150 克，鱿鱼羹适量，白萝卜丝 100 克，笋丝 50 克，干黄花菜 10 克，柴鱼片 8 克，高汤 200 毫升，罗勒 5 克

调料

盐 1 小匙，白糖、酱油各 1/2 小匙，沙茶酱 2 大匙，水淀粉少许

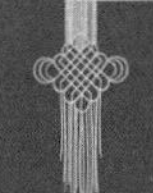

首届中国山西面食文化节在太原开幕

这是首届中国山西面食文化节上的“百人削面”表演（2018 年 8 月 26 日摄）。

2016 年 8 月 26 日，首届中国山西面食文化节在太原开幕。参观者在欣赏百人削面、骑独轮车削面、“青龙偃月刀”切面表演的同时还可以品尝到刀削面、剔尖面等多种山西特色面食。

新华社发　曹阳 / 摄

小知识

沙洺炒面是邯郸市武安人日常饭桌上必不可少的一道美味主食。据《沙洺村志》介绍，沙洺历史上盛产优质小麦，沙洺人对做面食很是讲究。做拉面的手艺堪称一绝，做面分为和面、绕面、擀面、切面、拉面，煮熟后的面用凉水过一下。炒面中的蔬菜主要放豆芽、西红柿、木耳、青椒、蒜薹、鸡蛋等。素炒面以蔬菜和鸡蛋为主，肉炒面则要加些大火过油的肉丝。吃起来面筋道，菜美味。

参考视频

沙洺炒面（河北）

做法

01 将面粉加水适量、盐 15 克，搅拌均匀，放入盆中，醒发 20 分钟，用双手缠绕均匀，使面粉增加韧性。

02 面拉好煮熟以后，过凉水备用；青椒、圆葱、西红柿切丝；花椒、八角用热水煮开备用，鸡蛋 2 个炒好备用。

03 炒锅烧干加入 50 克食用油，放入葱、姜、蒜、西红柿、圆葱、青椒、绿豆芽翻炒均匀，烹入备好的花椒、八角水，把拉面放入锅中加入酱油继续翻炒片刻，出锅放入葱、姜、蒜、鸡蛋，翻匀即可。

主料

面粉 500 克，绿豆芽 80 克，青椒 65 克，西红柿 45 克，圆葱 75 克，鸡蛋 2 个

调料

蒜末、大葱、姜、花椒、八角各适量

小知识

山药有“神仙之食”的美名。中医认为山药具有健脾、补肺、固肾等多种功效。山药含有可溶性纤维，能推迟胃内食物的排空，控制饭后血糖升高。还能助消化、降血糖。此外，山药能防止心血管系统脂肪沉淀，保持血管的弹性，减少皮下脂肪沉积。

山药鸡蛋面

做法

01 将山药粉、小麦粉、豆粉放入小盆中，鸡蛋打入碗内，加适量清水及少许盐搅匀，倒入面盆中，和成面团，擀成薄面片，切成面条。

02 将面条下入沸水锅内，煮熟后酌加葱花、姜末、盐、酱油、香油，拌匀即成。

主料

山药粉 200 克，小麦粉 400 克，鸡蛋 2 个，豆粉 30 克

调料

盐、葱花、姜末、酱油、香油各适量

小知识

“粿条”一名是福建闽南地区和广东潮汕地区的叫法，潮人对于凡是用米粉、面粉、薯粉等经过加工制成的食品，都称“粿”。粿条多以炒和“汤”出现于席上，各地食法大同小异。

上海粗炒

做法

01 取一碗，将猪肉丝及所有腌料一起放入抓匀，腌制约 5 分钟备用。

02 粿条放入沸水中煮熟，冲冷水沥干备用。

03 热锅，倒入食用油烧热，放入腌好的猪肉丝及葱段拌炒至肉变色，再放入圆白菜丝、香菇丝、胡萝卜丝、水、调料和粿条，一起快炒至汤汁收干即可。

主料

粿条 150 克，猪肉丝 80 克，圆白菜丝 50 克，香菇丝、胡萝卜丝各 20 克，葱段 10 克，水 100 毫升

调料

蚝油 1 小匙，白糖 1/4 小匙，食用油适量

腌料

淀粉少许，盐 1/4 小匙

上海鸡丝炒面

做法

01 鸡腿肉洗净切粗丝，葱洗净切丝备用。

02 鸡蛋面烫熟捞起沥干，再放入烧热的油锅中，加入酱油以大火快炒至入味，盛盘备用。

03 热油锅，小火爆香葱、姜丝，转中火，放入鸡肉丝、笋丝、胡萝卜丝快炒数下，加入调味料 A 以大火煮至滚，再加入韭黄段略炒，以水淀粉勾芡，起锅前滴入香油拌匀，淋在面上即可。

主料

鸡蛋面（细）150 克，去骨鸡腿肉 100 克，韭黄段 50 克，笋丝 30 克，胡萝卜丝 15 克，姜丝 10 克，葱 2 根

调料

A 高汤 120 毫升，老抽 1 小匙，盐 1 小匙，鸡粉 1 小匙，糖 1/2 小匙，白胡椒粉少许

B 淀粉 1 小匙，水 10 毫升，酱油 2 小匙，香油 1 小匙

哨子面

做法

01 荸荠、黑木耳、香菇、虾米洗净并沥干水分后，分别切成小丁备用。

02 热锅，加入1/2大匙的色拉油及肉泥，将肉泥炒至焦黄，加入洋葱丁及做法1的所有材料一起炒约2分钟，再加入清高汤以小火煮约10分钟。

03 另热锅，加入适量的色拉油，将鸡蛋打散后倒入锅中，炒散后盛出备用。

04 锅中加入水后，待水煮滚，再放入面条煮约2.5分钟，捞出沥干水分放入碗中。

05 再加入做法2的汤料及做法3的炒蛋，撒上葱花即可。

主料

细阳春面150克，肉泥100克，虾米1/2小匙，荸荠2个，洋葱丁15克，鲜黑木耳20克，泡发香菇1朵，鸡蛋1个，清高汤300毫升

调料

葱花5克，色拉油适量

什锦炒面

做法

01 猪肉洗净切丝；虾仁去虾线洗净；黑木耳洗净切丝；韭菜洗净切段。

02 锅中加入食用油以小火爆香蒜末，加入猪肉丝、黑木耳丝及洗净的虾仁以中火炒约 1 分钟，加入所有调料及油面后转大火拌炒约 30 秒，加入洗净的豆芽、韭菜段炒数下即可。

主料

油面（熟）200 克，猪肉 50 克，虾仁 6 只，黑木耳 15 克，豆芽 15 克，韭菜 30 克，蒜末 1 大匙，食用油适量

盐 1/2 小匙，白胡椒粉少许，鲜味露 1 小匙，高汤 5 大匙

手擀绿豆凉面

主料

A 绿豆面 50 克，面粉 250 克，小白菜 200 克，清水 130 毫升

B 油炸花生碎、黄豆、芝麻、豆腐丁、南瓜子各适量

调料

A 大蒜 20 克，大葱 50 克，生姜 10 克

B 花椒 3 克，八角 3 克，桂皮 2 克

C 盐 1 小匙，白糖 1 小匙，味极鲜酱油 1 小匙，米醋 2 小匙

D 味精、盐各 1/2 小匙，植物油 4 大匙，辣椒油 2 小匙，香油 1 小匙

做法

01 把绿豆面和面粉放入面盆中混合均匀，分次加入 130 毫升清水，边加边搅拌，揉搓成面团，盖湿布醒发 15 分钟。

02 醒好的面团再次揉匀，放到撒了薄面的案板上，用擀面杖擀成饼状。

03 用擀面杖将面饼卷起来，用手按压擀卷几次。打开面片，撒一层薄面，换方向再次按压擀卷，直到成厚薄均匀的面片。

04 将擀好的面片折叠成长条状，用刀切成宽窄一致的面条。放到帘子上备用。

05 大葱切段，大蒜、生姜切片，桂皮用手掰成小块。

06 锅入油，烧至四成热，放入调料 B 略炸，再放入调料 A。

07 小火炸至蒜片微黄、香气四溢时关火，盛入碗中，成复合油，备用。

08 另起一锅，加入足量的水烧开，放入小白菜烫至变色，捞出过凉。

09 过凉的小白菜捞出，沥干水分，切成小段，加盐、香油、味精拌匀调味。

10 将锅内的水再次烧开，放入擀好的面条煮至面条浮起，捞出。

11 面条用冷水快速过凉，沥干水分后先用 2/3 汤勺复合油拌匀。

12 再加调料 C、调好味的小白菜、辣椒油及主料 B 拌匀即可。

小知识

调味之所以要用绍酒，这是因为绍酒含有乙醇，乙醇的挥发性强，而且具有很高的渗透性，能起到去腥臭、除异味的作用。用绍酒腌渍肥肉，成菜焦香爽口，肥而不腻。烹制绿叶类菜肴时，加入适量绍酒，能降低原料中有机酸的含量，从而保护叶绿素，成菜翠绿悦目，鲜艳美观。

什锦肉丝面

做法

01 将猪瘦肉洗净，切丝。

02 香菇切丝，胡萝卜切片，鲜竹笋切块。

03 将面条下入沸水中煮熟，捞入碗中。

04 炒锅上火，加油烧热，放入肉丝、葱姜丝爆香，再下香菇和盐、酱油、绍酒煸炒，加入鲜汤，待汤沸时放入胡萝卜片、竹笋块，调入白糖，离火，倒入面条碗中，淋香油即可。

主料

家常细面条200克，猪瘦肉50克，水发香菇25克，胡萝卜25克，鲜竹笋25克

调料

葱姜丝、盐、酱油、绍酒、白糖、香油、鲜汤、花生油各适量

什锦素炸酱面

做法

01 将西兰花洗净，放入沸水中汆烫后摆盘。

02 胡萝卜、芦笋、小黄瓜、豆干洗净切丁。

03 热锅倒入食用油烧热，放入姜蓉、甜面酱、豆瓣酱以小火略炒，再放入胡萝卜丁、芦笋丁、小黄瓜丁、豆干丁略炒，续加入30毫升水、白糖，以小火煮约3分钟即为什锦素炸酱。

04 将熟面放入摆有西兰花的盘中，再将什锦素炸酱直接淋在面上即可。

主料

熟面200克，西兰花100克，胡萝卜、小黄瓜各30克，芦笋、豆干各20克，水30毫升，食用油适量

调料

甜面酱1小匙，豆瓣酱1大匙，白糖1小匙，姜蓉10克

小知识

什锦汤面是一道汤面菜品，主要食材是胡萝卜、豆芽菜、面条等，调料为食盐、加多加多酱等。该菜品主要是通过将食材倒入锅中炖煮的做法而制成，做的时候要注意将蔬菜的水分沥干，否则会破坏酱料的味道。

什锦汤面

主料

熟油面100克，圆白菜50克，胡萝卜片10克，猪肉片50克，猪肝片50克，墨鱼片50克，蛤蜊100克，鲜虾60克，高汤500毫升，食用油适量

调料

盐、鸡精、酱油各1/2小匙，陈醋1/2大匙，胡椒粉少许，米酒1小匙，葱段25克，蒜末5克

做法

01 鲜虾洗净、去虾线、去须；蛤蜊泡水去沙、洗净；圆白菜洗净切小片，备用。

02 热锅倒入食用油，爆香蒜末、葱段，加入猪肉片、猪肝片、墨鱼片翻炒一下，加入胡萝卜片、圆白菜炒至微软。

03 加入洗净的蛤蜊、鲜虾、高汤及所有调料炖煮，把油面放入煮好的什锦汤中即可。

小知识

狮子头原名葵花斩肉、葵花肉丸，后改为狮子头，是中国江苏省扬州淮扬菜系中的一道传统菜肴。传说狮子头做法始于隋朝，是在隋炀帝游幸时，厨师以扬州万松山、金钱墩、象牙林、葵花岗四大名景为主题做成了松鼠桂鱼、金钱虾饼、象牙鸡条和葵花斩肉四道菜。此菜口感软糯滑腻，健康营养。

狮子头汤面

做法

01 将猪绞肉、猪油、酱油、香油、盐、味精、白胡椒粉混匀，加入100毫升水，再加入淀粉拌匀，入冰箱冷藏3小时后，搓成丸子状，放入油锅中炸至金黄，放入卤汁材料中，卤约30分钟。

02 蔬菜拉面煮熟后放入汤碗内，加入肉丸子、红辣椒丝、葱花，并加入高汤即可。

卤汁

盐2克，酱油10毫升，八角2粒，甘草1片，水500毫升

主料

蔬菜拉面100克，猪绞肉300克，猪油50克，水100毫升、高汤、红辣椒丝

调料

淀粉10克，盐、味精、白胡椒粉各2克，酱油、香油各5毫升，葱花、食用油各适量

小知识

蔬菜挂面是在挂面加工的时候放入蔬菜汁，它的营养成分中含有一种果胶，可加速排出体内汞离子，是常接触汞的人的保健食物之一。湿面条越长，晾好的干挂面就越直。挂面因为没有水分，所以比一般面条更易储存，吃起来也比较方便。

蔬菜挂面

主料

自选蔬菜共 240 克，面粉 700 克，鸡蛋液 100 克

调料

盐 3 克

做法

01 蔬菜榨汁过滤，叶子菜需先用水焯烫。

02 加入面粉、鸡蛋液、盐，揉成比较粗糙的面团。

03 将面团放入压面机中，撒手粉来回压平滑。

04 压好的面片再用面条机压成面条，越长越好。

05 将面条挂在晾架上晾干即可。

小知识

手擀面是面条的一种，因是用手工擀出的面条故而得名。比起机器压出来的面或超市卖的挂面来说，手擀面的口感更为筋道。手擀面制作完成后放入冰箱冷藏，可保鲜 3 天。手擀面中加入的面比较多，所以面条硬，吃起来更筋道，更有嚼劲。

手擀面

做法

01 所有原料混合均匀，揉成光滑的面团，裹上保鲜膜，松弛 20 分钟。

02 用长擀面杖将面团擀成 1—2 毫米厚的面皮，将面皮折叠，每折叠一层撒一层面粉，防止粘连。

03 按照所需的宽度切成面条，抖开，撒一层面粉防止粘连即可。

主料

面粉 345 克，水 115 毫升，鸡蛋 2 个，盐 3 克

小知识

牛肉蛋白质含量高，而脂肪含量低，所以味道鲜美，受人喜爱，享有“肉中骄子”的美称。霜降牛肉是指油脂分布均匀，肉质细腻，油脂与瘦肉搭配匀称。所以有时也被称作大理石牛肉，是牛肉中的极品。

霜降牛肉蚌面

做法

01 蛤蜊处理干净；金针菇洗净去蒂；小白菜洗净切段；洋葱洗净切丝。

02 将拉面放入锅中煮熟捞起，放入碗中。

03 将蚌面高汤煮沸，放入洗净的蛤蜊、金针菇、洋葱丝、小白菜段及盐，煮至蛤蜊张开，倒入面碗内。

04 霜降牛肉片放入约85℃水温的锅中，煮至呈白色捞出，放入面碗内，再加入蛤蜊水即可。

主料

拉面150克，蛤蜊125克，霜降牛肉片50克，金针菇10克，洋葱15克，小白菜30克，蚌面高汤350毫升，蛤蜊水3大匙

调料

盐1/2小匙

小知识

担担面，是四川成都和自贡著名的地方传统面食小吃，据说源于挑夫们在街头挑着担担卖面，因而得名。担担面是将面粉擀制成面条，煮熟，舀上炒制的肉末而成。成菜面条细薄，卤汁酥香，咸鲜微辣，香气扑鼻，十分入味。

四川担担面

做法

01 热锅加入食用油，爆香红葱末、蒜末，加入猪肉末炒散，续放入葱末、花椒粉、干辣椒末炒香。

02 放入调料和 100 毫升水炒匀，并炒至微干，即为四川担担酱。

03 锅中加适量水和少量油煮开，放入细阳春面煮约 1 分钟后捞起沥干，加入适量四川担担酱，最后撒上葱花与熟白芝麻即可。

主料

细阳春面 100 克，猪肉末 120 克，红葱末 10 克，蒜末 5 克，葱末 15 克，花椒粉、干辣椒末、葱花、熟白芝麻各少许，食用油适量，水 100 毫升

调料

红油 1 大匙，芝麻酱 1 小匙，蚝油 1/2 大匙，酱油 1/3 大匙，盐少许，白糖 1/4 小匙

小知识

酸菜在我们的饮食中可以是开胃小菜、下饭菜，也可以作为调味料来制作菜肴，可分为东北酸菜、四川酸菜、贵州酸菜、云南富源酸菜等，不同地区的酸菜口味风格也不尽相同。老百姓常说的“酸菜”一般指的是所有青菜或白菜所做的所有种类酸菜的总称。

酸菜辣汤面

做法

01 热锅倒入适量食用油，放入酸菜末、辣椒丝炒香，加入所有调料炒匀备用。

02 油面放入沸水中煮软，捞出沥干，放入碗内加入适量高汤。

03 于面上加入适量做法 1 的材料与葱花即可。

主料

油面 100 克，酸菜末 50 克，辣椒丝 10 克，葱花 5 克，高汤 300 毫升，食用油适量

酱油、辣油、白糖、盐各适量

小知识

中国酸菜的历史颇为悠久，制作酸菜的初衷是为了延长蔬菜保存期限。在《诗经》中有“中田有庐，疆场有瓜，是剥是菹，献之皇祖”的描述，据东汉许慎《说文解字》解释：“菹菜者，酸菜也”，即类似今天的酸菜。

酸菜牛肉面

做法

01 将阳春面放入沸水中煮约 3 分钟，其间以筷子略微搅动数下，捞出沥干备用。

02 取一碗，将煮过的阳春面放入碗中，倒入酸菜牛肉汤，加入汤中的牛肉及酸菜心即可。

主料

阳春面 150 克，酸菜牛肉汤 500 毫升

酸菜肉丝炒面

做法

01 猪肉丝加料酒、胡椒粉、酱油、盐、味精调味，再加入水淀粉抓一下，入热油锅中炒散，捞出；面条煮好，过冷水，捞出沥干。

02 锅置火上，放油烧热，爆香葱末，加入酸菜丝拌炒，再加入猪肉丝及面条炒匀炒熟，放盐、味精调好味即可出锅。

主料

面条 250 克，酸菜丝 40 克，猪肉丝 30 克

调料

葱末、料酒、盐、味精、胡椒粉、酱油、水淀粉、植物油各适量

小知识

豆角含有丰富的优质蛋白质、碳水化合物及多种维生素、微量元素等，以及可补充机体的招牌营养素。其中所含 B 族维生素能维持正常的消化腺分泌和胃肠道蠕动的功能，抑制胆碱酶活性，可帮助消化，增进食欲。

酸豆角拌面

做法

01 酸豆角放入沸水中汆烫一下，捞起切成小段。

02 热锅放入适量的油，加入酸豆角与猪肉末、蒜泥炒香，加入调料 B、水一起煮熟即成拌料。

03 胡萝卜面放入沸水中煮软，加入调料 A 拌匀。

04 最后加入拌料拌匀即可。

主料

酸豆角 200 克，猪肉末 100 克，蒜泥 10 克，胡萝卜面 110 克，水 1/2 碗

调料

A 蚝油 5 毫升，酱油膏 3 克，香油 5 毫升

B 糖 5 克，香油 10 毫升

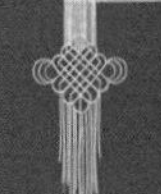

酸辣汤面

做法

01 热油锅爆香蒜末、姜末、葱末、辣椒末，加入猪肉丝炒至肉色变白后取出。

02 重新加热原锅，倒入高汤煮开，再加入胡萝卜丝、黑木耳丝、熟笋丝、酸菜丝拌煮，加入调料及猪肉丝，煮开后用水淀粉勾芡，并倒入鸡蛋液拌匀，即为酸辣汤。

03 熟手工面条中加入酸辣汤，撒上香菜即可。

主料

熟手工面 175 克，辣椒末各 5 克，猪肉丝 100 克，胡萝卜丝 15 克，黑木耳丝、熟笋丝、酸菜丝各 25 克，鸡蛋液 50 克，高汤 500 毫升

调料

盐、鸡精各 1/2 小匙，白糖、辣椒酱、陈醋各 1/2 大匙，白醋 1 大匙，香油、胡椒粉各少许，蒜末、姜末、葱末、水淀粉、香菜、食用油各适量

小知识

酸奶是一种酸甜口味的牛奶饮品。资料显示，酸奶作为食品至少有 4500 多年的历史，最早期的酸奶可能是游牧民族装在羊皮袋里的奶受到依附在袋的细菌自然发酵而成。酸奶中含有脂肪、蛋白质，营养丰富。

酸奶青蔬凉面

做法

01 西兰花洗净切小块，芦笋洗净切段。

02 汤锅倒入适量水煮沸，分别将西兰花块、芦笋段放入锅中汆烫约 30 秒，取出泡冷开水冷却备用。

03 将所有调料混合搅拌均匀，再加入冷却后的西兰花、芦笋段拌匀即为酸奶青蔬酱。

04 食用前直接将酸奶青蔬酱淋在熟面上拌匀即可。

主料

熟面 200 克，西兰花 50 克，芦笋 30 克

调料

原味酸奶 100 毫升，色拉酱 50 克，水果醋 1 小匙，盐 1/4 小匙，白糖 1/2 小匙

小知识

蒜蓉酱就是取整粒大蒜放入蒜臼中捣碎，然后用色拉油小火炒熟，炒出香味。制作时，可以先将大蒜拍扁，用刀切断（捣出来的蓉更细小），再加点盐用木槌捣烂。

蒜蓉凉面

做法

01 取一汤锅，待水开后将油面放入氽烫即可捞起，再冲泡冷水后沥干。

02 取一盘，放上沥干的油面并倒上适量食用油拌匀，且一边拌一边将面条拉起凉干。

03 将小黄瓜洗净切丝；豆芽洗净氽烫，捞起过冷水，沥干备用。

04 取一盘，将油面置于盘中，再放上小黄瓜丝和沥干的豆芽，淋上蒜蓉酱，撒上葱花即可。

主料

油面 250 克，豆芽 15 克，小黄瓜 1/2 根

调料

蒜蓉酱 2 大匙，葱花、食用油各适量

小知识

豆腐干，中国传统豆制品之一，是豆腐的再加工制品。咸香爽口，硬中带韧，存放时间较长，是中国各大菜系中都有的一道美食。豆腐干营养丰富，含有大量蛋白质、脂肪、碳水化合物，还含有钙、磷、铁等多种人体所需的矿物质。豆腐干在制作过程中会添加食盐、小茴香、花椒、大料、干姜等调料，既香又鲜，久吃不厌，被誉为“素火腿”。

蒜香豆干肉丁炸酱面

主料

鲜面条300克，猪肉200克，豆腐干80克，黄瓜100克

调料

甜面酱60克，豆瓣酱150克，芝麻酱1大匙，大蒜20克，大葱40克，白糖2小匙，香油2小匙，植物油100毫升

做法

01 蒜和葱切末；豆腐干切丁，备用。
02 猪肉切成丁。
03 锅入油烧至五成热时放入豆腐干丁，炸至微黄。
04 放入猪肉丁炒至变色。
05 放入甜面酱、豆瓣酱和白糖，小火炒5分钟至酱的颜色发红发亮。
06 放入芝麻酱炒匀。
07 放入葱末和蒜末。
08 放入香油炒匀，立即关火盛出。
09 黄瓜切成丝，放入盘中。
10 另起一锅加足量水烧开，下入面条煮熟。
11 煮熟的面条捞入已铺黄瓜丝的盘中。
12 最后在面条上放入1大匙炸酱，拌匀即可。

碎蛋肉末炒面

做法

01 洋葱、黑木耳洗净切碎末；小黄瓜洗净切丝；鸡蛋打匀成蛋液备用。

02 锅中加少许油烧热，倒入1/3蛋液，煎成薄蛋皮切丝备用。

03 原锅中加入少许油烧热，倒入其余蛋液炒匀至收干。

04 续放入洋葱末、黑木耳末、猪肉泥、三色豆、油葱酥炒香，再放入油面、所有调味料和水炒匀入味，起锅前放入小黄瓜丝和蛋丝即可。

主料

油面150克，鸡蛋3个，猪肉泥50克，三色豆50克，洋葱20克，黑木耳20克，小黄瓜10克，油葱酥20克

调料

酱油1小匙，鸡粉1大匙，胡椒粉1小匙，糖1小匙，水500毫升

小知识

沙茶，也称沙嗲，源自印度尼西亚，是印尼文“SATE”的译音，因为“嗲”字音与厦门闽南话的“茶”字音相同，所以人们也称之为沙茶。20世纪30年代，沙茶酱经由印尼华侨传入闽南侨乡。这种色泽金黄、辛辣香浓的沙茶酱在东南亚一般用来调味，传到厦门后为人们所喜欢，

沙茶酱除了可以直接蘸食佐餐，还可以用在烧、焖、煨、涮、灼等各种菜肴烹调上。厦门沙茶最常见也最具代表性的做法，就是和一些配料和高汤配成甜辣可口的汤头，做成色泽红黄、鲜香微辣的名点——沙茶面，以肉香汤甘、香辣多味而令人喜爱。沙茶面的配料品种非常丰富，有新鲜的猪腰条肉、猪腰、猪肝沿、小肠，也有细嫩的豆干、软糯的米血、鸭血，当然还有鱿鱼、海蛎、虾仁、花蛤等各种海鲜，一碗香浓爽滑的沙茶面，酸甜咸辣，多层次地刺激你的味蕾。

参考视频

沙茶面（福建）

做法

01 将沙茶酱放入装有大骨汤的锅中溶解，放入盐、味精，烧开后即成沙茶底汤，底汤要一直中火保持沸腾。

02 将油面、生菜在开水中氽熟，把猪腰条肉、鲜鱿鱼切片，和鲜虾仁一起放入沙茶汤里氽过，铺在面条上，分配到12个碗中。

03 最后浇淋上热气腾腾的沙茶汤，加入少许蒜泥即成。

主料

沙茶酱500克，油面1000克，腰条肉400克，鲜虾仁300克，鲜鱿鱼500克（12小碗），大骨汤1800克，生菜250克

调料

大蒜泥25克，味精12克，盐12克

小知识

沙县拌面是沙县小吃的特色品种之一。将面粉加碱、清水和成面团，擀成薄片切条，下锅烫煮捞出，浇入猪油、酱油、味精，撒葱花、滴麻油即可食用。成品条细韧长，面条讲究“火旺、水开、汤宽，一客一下”，面条下锅一煮即浮，入口咬劲十足，配上以新熬的猪油、高汤、调味品，成品香鲜油润，风味浓郁，深受各地群众喜欢。其中许多顾客特别喜欢沙县花生酱拌面，历久不衰。

参考视频

沙县拌面（福建）

做法

01 面粉加入盐 5 克、食用碱 5 克、冷水 200—225 毫升和成面团，和好后醒 15—20 分钟，使面团中面粉和水分均匀融合，以木薯粉扑粉，压成薄片，面刀切出面条。

02 水烧开，下面条煮至浮起来，面条顺滑捞出，加入香油、调味酱汁拌匀后撒葱花即可。

主料

面粉 500 克，木薯粉 180 克

调料

食用碱 5 克，香葱 30 克，蒜 10 克，食盐 5 克，蚝油 15 克，味精 6 克，香油 10 克，生抽 10 克，花生酱 30 克

小知识

上海炒面的特点是味道鲜香、面条筋道、口感厚实。通常以粗面为主料，制作方式沿袭本帮菜的特点，浓油赤酱，配鸡毛菜或青菜、酱油、少许糖，口味粗犷奔放，色泽黝黑明亮，常见于街头夜市，颇受广大市民喜爱。

参考视频

上海炒面（上海）

做法

01 肉丝洗净放入碗中，加入生粉、盐、味精、小苏打和适量清水，将肉丝上浆腌制约 1 小时，鸡毛菜洗净备用。

02 将面条放入沸水中，煮 3 分钟后捞出，用冷开水冲凉面条并沥干。

03 放入葱油搅拌均匀后备用。

04 热锅倒入食用油，放入腌制好的肉丝煸炒 10 秒钟，加入面条和鸡毛菜。再加入鸡精、味精、老抽，一并翻炒 30 秒，待香味溢出后装盘即可食用。

主料

中粗面 200 克，鸡毛菜 130 克，肉丝 75 克

调料

葱油 1 匙，生粉、盐、味精、鸡精、小苏打各少许，老抽 1 匙，食用油 1 匙

亚洲美食节:“面团的故事”

2019 年 5 月 16 日，拉面师傅马小林在制作拉面。

2019 年 5 月 16 日开幕的亚洲美食节是亚洲文明对话大会的活动之一。美食节通过美食文化盛宴展示绚丽多姿的亚洲文化风情和亚洲文明风采，使广大公众不出国门就能尽享亚洲各国美食。

新华社记者　鞠焕宗 / 摄

小知识

上海冷面简单、清爽，是上海冷面最打动人的地方。将面条先蒸后煮，再用冷风吹凉，倒上酱油、拌上花生酱、淋上醋，使得面条的口感更加丰富和有层次，再浇上三丝、辣肉、大排、烤麸等各色浇头，在炎炎夏日给人特别的美味体验。

参考视频

上海冷面（上海）

做法

01 水烧开后，将面条均匀放入蒸笼蒸煮 5—8 分钟，至半熟。

02 取出面条，迅速搅凉散开。

03 将面条再次放入沸水中，煮 2 分钟左右捞起。

04 将煮熟的面条放入托盘，加入葱油，一边拌匀一边用电风扇吹凉，拌凉后置于阴凉处。

05 食用前，根据个人口味，佐以花生酱、醋和酱油拌匀即可。

主料

鸡蛋面 170 克

调料

葱油 1 匙，酱油 1 匙，醋 1 匙，花生酱 2 匙

畲香面线（福建）

参考视频

小知识

畲香面线是福安传统的地方面食，其生产和加工的历史悠久。数百年来，特别是福安市穆阳镇穆阳苏堤的线面一直保持着纯手工制作的工艺，经发、捶、挤、搓、拉等九道工序精制而成，不同的季节、不同的天气有着不同的配方。随着时间的变迁，很多工序已经由手工转为机械操作，但拉面这一关键步骤，还是以纯手工完成，机械无法替代。畲香面线是手工拉制，经过太阳晒制而成，味道非常好，产品久煮不糊、莹晶如玉、营养丰富。香面线的包装更是蕴含着独特的民俗文化，其成品制出后，要分成一绺一绺，不能切断，收成大约 0.6 米的长度，然后用红丝线扎住“头部”称为“只”，1 公斤分为 8“只”，这就是传统的“红头线面”。福安当地百姓不仅过生日吃，逢年过节、红白喜事（尤其寿诞）时，线面都是不可或缺的“彩头”食品。因此在福安，线面亦有“寿面”之称，大年初一早上，福安人的第一道菜肴必须是线面（“寿面”），寓意年年长寿。

做法

01 制作猪骨面汤。在锅内倒入适当的清水将猪骨放入锅内，文火精心熬制 3—4 小时为汤底。

02 虾洗净挑去虾线，新鲜的花蛤洗净，葱段切碎成葱花备用。

03 放入猪油，锅内加入配料，翻炒，最后加入调料调味。

04 水烧开，将面放入锅里，挑散面线，使分离后放入碗内。

05 加入辅料，淋上猪骨汤，加入料酒、葱花即可。

主料

猪骨 500 克，花蛤干 50 克，干香菇 50 克，肉片 150 克，鲜虾 6 只，鱿鱼 100 克，花蛤 100 克，黑木耳 100 克

调料

葱花 15 克，味精 5 克，料酒 10 克，猪油 20 克，虾油 15 克

小知识

1911年，鱼面作为中国岭南名产参加巴拿马举行的万国博览会，以“银丝鱼面”获得银质奖。后来因其制作工艺复杂、成本昂贵，不能大量生产，渐渐失传。制作鱼面要选用新鲜的大鱼，挑选鱼身上最优质感的部位的肉鱼青，不添加面粉，利用鱼肉自身的胶性，辅以合适的温度，配合厨师精湛的技艺，才能把鱼肉做成有韧性、有弹性、有鲜味、有甜味的鱼面。

顺德鱼面（广东）

做法

01 选用鱼青，用刀背将鱼青慢慢刮出鱼蓉。

02 鱼蓉加入调料后，顺时针搅拌甩打30下，加入少许玉米粉和水，再顺时针搅拌甩打30下，加入花生油拍打10下，制成鱼胶放入冰箱内冷藏30分钟。

03 鱼骨用盐腌制10分钟，然后慢火煎香，加入开水，大火熬出原汁原味的鱼汤。

04 把煮过汤的鱼骨取出来另作他用。

05 用裱花袋装入制好的鱼胶，往鱼汤里慢慢挤出线条状成鱼面。

06 最后加入丝瓜丝、萝卜丝，大火煮2分钟后加入葱花即可食用。

主料

鱼肉500克

配料

丝瓜丝、胡萝卜丝、白萝卜丝各适量

调料

盐、糖、玉米粉、水、花生油、葱花各适量

小知识

酸菜面块，是四川省阿坝州黑水县的传统主食，当地语言中又称“麻哈”“巴达哈”。到藏家做客时，主人一般都会吃酸菜面块，不是因为面块做起来方便，而是因为这一碗小小的面块内藏乾坤，高山筋道的小麦面、酸爽可口的圆根酸菜、软糯可口的本地土豆、肥中飘香的猪膘肉，辣椒、大蒜、花椒组合而成辣酱，简单的佐料，鲜香酸辣可口。

酸菜面块（四川）

做法

01 在盆中放500克的面粉，用适量清水，一边倒一边搅拌，搅拌成絮状再用手揉成面团，用面杖擀成薄片，裹在面杖上切块状后再切成小块面条，放置备用。

02 将土豆、猪膘肉处理成块状，冷锅烧水，水开放入土豆、小块面条，面块七分熟后放入圆根酸菜。

03 将备用的猪膘肉，放入油热的小锅，猛火熬至酥脆出油。

04 将熬制好的猪膘肉、油，一同倒入烧开的面块汤锅中搅拌，约煮1分钟后即可出锅。

05 根据个人喜好在面块里加入辣椒、花椒、大蒜秘制而成的辣酱和葱段。

主料

石磨面粉500克，土豆400克，酸菜300克，藏香猪膘肉（肥肉）250克

调料

辣椒、花椒、大蒜、葱段、食用油、盐各适量

小知识

三虾面是苏州特有的一种季节性的时令面，一般都是做成拌面来吃。在端午前后这两个月才有，面店也只在这个时节才供应。所谓“三虾”，即虾籽、虾脑、虾仁，它们是虾身上最宝贵的东西。三虾面的正确吃法是将一小盘“三虾”轻轻滑入碗中，一搅，让刚出锅的面和底料初步接触，热腾腾的面条就能更好地吸收底料原味；二转，在转动的过程中增其与空气的接触度，使得面条根根爽滑劲道；三拌，以筷子为主线，用面和三虾做变式，面不翻飞，虾不越界，只不断磨合着、切磋着，直至完全融合。扑面而来的虾香充斥鼻尖，搅拌均匀的面条嚼劲十足，还夹带着虾籽点点的咸香，再配上丰腴的虾脑、虾仁，色泽鲜艳，面条柔韧滑爽，汤浓味鲜。

参考视频

苏州三虾面（江苏）

做法

01 先将虾仁用蛋清、干淀粉上浆，然后下锅在四成热的猪油中划散至乳白色，倒入漏勺中滤净油。

02 原锅仍放在旺火上，放入葱末后再将虾籽、虾脑入锅略炒一下，加调料、鸡汤，锅开后倒入虾仁，略烧后勾上薄芡，淋上麻油，制成三虾面的浇头。

03 水锅中放入面条，煮至浮起时，再加冷水，待水再沸时面条即熟。盛入面条，各浇上虾仁和虾脑浇头，即成三虾面。

主料

面条 350 克，虾仁 70 克，虾脑 10 克，虾籽 8 克

调料

鸡精 5 克，盐 3 克，鸡汤适量

小知识

馓子是一种油炸面食，是新疆的传统食品之一。馓子素来以股条细匀、香酥脆甜、金黄亮润、轻巧美观的特点而博得中外到新疆旅游人士的赞赏。现在馓子已成为新疆各民族团结和睦友爱的象征，是欢度节日不可缺少的食品。

参考视频

馓子（新疆）

主料

面粉1000克，水500毫升，鸡蛋两个，洋葱半个

调料

花椒粒3克，清油100克（和面），清油2000克（炸制用），盐10克

做法

01 将500毫升水，洋葱和花椒粒放入锅中，烧开后转小火煮20分钟左右，煮好后过滤约剩450毫升水。

02 将面粉、盐、鸡蛋、油拌匀，加入花椒水和成面团，醒发20分钟左右后再揉匀，再醒发，再揉一次，把面团充分揉匀饧透。

03 将面团反复的揉、叠，揉至切开断面紧实均匀，无明显气孔。将面团分成100克一个的小剂子，滚圆再压扁，抹上油，再醒发10分钟左右。

04 锅中加入清油烧到四五成热，待用。

05 取1只小剂子，从中间掏个洞出来，然后用双手从小洞中间不断搓动，让小剂子扩张成一个封闭的圆环。继续搓制，最后搓成5毫米粗细的细长条。

06 将搓好的面条一圈圈收起，双手交错轻轻拉成20厘米的环，转移到筷子上，入锅，先将一头下油锅略炸，待起小泡后提出，再将另一头略炸，待两头都略成形时，再将左右两头对折在一起，将折起的中部入油锅中略炸一下，使其基本成型再抽出长筷子。

07 待两面金黄，捞出，摆盘，即可。

小知识

沙棘富含多种维生素、氨基酸，具有健脾、消食、抗氧化、调节血糖的作用。使用沙棘汁和出来的面营养丰富，煮出来后根根分明，莹润爽滑，再搭配用牛肉做卤汁调味，新鲜蔬菜切丝摆盘；荤素搭配，营养均衡，上乘美味。

沙棘面（新疆）

做法

01 沙棘榨汁、过滤，留作和面用。

02 把面粉加沙棘汁一起和成光滑的面团，用保鲜袋装好醒 2 小时以上。

03 木耳、黄萝卜、黄瓜、青菜、竹笋、火腿肠切丝，牛肉、洋葱、生姜切丁。

04 把醒好的面团擀成大薄圆片，切成大细长的面条。

05 烧开水，把切好的沙棘面条煮熟，过冷水备用。木耳丝、黄瓜丝、青菜丝、火腿肠丝、竹笋丝、黄萝卜丝过热水后摆盘。

06 大火起油，肉末、洋葱末搭配作料制作酱卤，盖浇在摆好的沙棘面上，撒上葱花即可。

主料

沙棘、面粉、牛肉、黄萝卜、黄瓜、竹笋、木耳、青菜、火腿肠

调料

大葱、生姜、芝麻、盐各适量

小知识

日常生活中，北方人喜欢吃面，在众多制作面条的方法中，炸酱面无疑是最具有传统特色的美食。而炸酱面不只在北京备受食客青睐，山东炸酱面的地位也是根深蒂固不可撼动的，这从济南的老餐厅中几乎都经营炸酱面的情况即可得以考证。

山东炸酱面（山东）

做法

01 猪肉切小丁，黄瓜切丝，胡萝卜切丝，黄豆芽焯水，香椿、腌蒜切末，长豆角切1厘米的小段。

02 甜面酱和豆瓣酱适量（比例为1∶1）放入碗中，另少许水拌匀备用。

03 锅中放油，烧热后放葱，炸出香味，再放入肉丁炒至发白。放入调好的酱炸炒片刻，待开后，撒姜末，淋上花椒油盛碗内即成炸酱卤汁。

04 锅中放油，烧热后放葱姜末，炸出香味，再放入切好的长豆角，炒至熟透，调入酱油、盐出锅备用。

05 锅中放清水，水开后下面条，煮熟捞出盛在凉水里，食用时，将炸酱盛碗内，与面条、菜码拌合而食。

主料

面粉850克，盐8克，鸡蛋1个，水200克，菠菜汁170克，猪瘦肉、黄瓜、豆芽、香椿、胡萝卜、腌蒜、长豆角各适量

调料

油30克，盐、酱油、甜面酱、豆瓣酱、葱、姜、料酒、花椒油各适量

小知识

碎面的做法与其他面条的做法大致相同。不同处在于把面擀开后，不立即切，要晾成柔干再切成菱形。面要擀得又薄又匀，切得又细又匀，切成的菱形小片长约 1 厘米左右，形如雀舌，码在盘中，吃天水碎面时，因面切得非常碎细小，配菜也随其形以细为佳，故多不用筷子，而用汤匙。也有人形象地称其为“雀（qiǎo）舌头”。

参考视频

天水碎面（甘肃）

做法

01 面粉和水揉匀，擀成又薄又匀的面晾干后，切成长约 1 厘米的小面片，形状就如同麻雀的舌头一样。

02 炒好的半生羊肉丁放进饭水中，用文火慢煮，等煮出香味来，再配入切成丁、粒与细条形的海带、榨菜、鸡蛋饼和虾皮等，烩煮成香味浓郁的臊子。

03 面片煮好后浇淋上臊子，放上一撮香菜，调上醋、盐、油泼辣子即可食用。

主料

精面粉、羊肉、海带、榨菜、鸡蛋、虾皮各适量

调料

盐、醋各适量

小知识

剔尖又称拨鱼、剔拨股，发源于山西运城、晋中等地。剔尖的制作方便快捷，口感香滑筋道，又容易消化，因而广受大众青睐，是山西面食中极具代表性的一种。成品要求鱼肚形，两头尖，中间粗，3—4寸长。熟练的面点师傅能够做到动作行云流水，离锅3米远，剔尖似蜻蜓点水快速落入锅中，翻滚上来，让人胃口大开。

剔尖（山西）

做法

01 把面粉放入盆中，加入适量的水（面水比例约10∶6.5），加工成面团，醒30分钟左右备用。

02 将醒好的面放入凹形盘中，并将面团用手推向盘的边缘，使其更加容易操作。

03 一手托住盘子，一手握专用的剔尖筷子，并将盘子的边缘略向锅边倾斜，然后用筷子迅速拨出将要流出盘外的面团，使其成为中间粗、两头尖的面条。

04 操作时将面条直接拨入锅中，用旺火煮沸出锅浇卤即可食用。

主料

面粉、水各适量

调料

西红柿鸡蛋卤、小炒肉卤、三鲜卤都可

小知识

甜水面成都著名的一道小吃，面条有筷子头粗，入口很有嚼劲，因调拌时加入了白糖，口味回甜，香味会在嘴里停留很久。一般四川的小摊贩们会将甜水面批量煮熟，晾凉后摆在柜子中随用随拌。

参考视频

甜水面（四川）

做法

01 取一碗，倒入高筋面粉，加少许盐和清水，混匀。

02 用手和面，包上保鲜膜，醒 30 分钟。

03 取一个小碗，倒入黄豆粉、蒜末，加入少许盐、鸡粉、白糖、生抽、陈醋，再倒入芝麻酱、辣椒油、花椒油、芝麻油，搅成酱料。

04 取出醒好的面团，去除保鲜膜，用擀面杖擀成面皮。

05 将面皮叠成几层，切成粗细均匀的条，撒上少许面粉，待用。

06 锅中注水烧开，放入面条，搅拌片刻，大火煮至熟软。

07 捞出面条，沥干水分倒入碗中，淋入少许食用油，快速搅拌均匀。

08 浇上酱料，撒上葱花即可。

主料

高筋面粉 200 克，黄豆粉 15 克

调料

白糖 2 克，生抽、陈醋、辣椒油各 5 毫升，芝麻酱 5 克，花椒油 4 毫升，芝麻油 10 毫升，盐、鸡粉、蒜末、葱花、食用油各少许

小知识

“海鲜”，古称“海错”，意谓海中产物，错杂非一。在距今4000—6000年前的新石器时代，人类已懂得采拾贝类以供食用，而且已有熟食加工了。翻开烹饪古籍资料，发现有关海鲜的记载主要有三个方面，一是饮食养生，二是烹饪技巧，三是海鲜菜品。尤以海鲜菜品的记载最为丰富。据史料查实，传统海鲜饮食烹制、调味方法、用料组合以及对火候的把握，都已自成一体。

台式海鲜汤面

主料

拉面150克，鲷鱼60克，墨鱼30克，蛤蜊75克，牡蛎20克，圆白菜30克，胡萝卜10克，葱1棵，高汤350毫升

盐1/2小匙

做法

01 蛤蜊洗净加入冷水和少许盐（分量外）拌匀，静置使其吐沙，2小时后，重复上述做法，再过2小时后洗净蛤蜊，沥干备用。

02 圆白菜洗净切丝；胡萝卜去皮，洗净切丝；葱洗净切成段。

03 墨鱼撕去表层薄膜，洗净切段；鲷鱼洗净切片，加1/4小匙盐（分量外）抓匀腌制；牡蛎洗净。

04 将洗净的墨鱼段、牡蛎及腌好的鲷鱼片放入沸水中汆烫后捞起，备用。

05 将高汤煮沸，放入拉面煮约2分钟，加入汆烫过的墨鱼段、鲷鱼片、牡蛎及洗净的蛤蜊、圆白菜丝、胡萝卜丝，再加入盐调味，煮至蛤蜊张开再加入葱段，倒入面碗内即可。

台式经典炒面

做法

01 热锅倒入食用油烧热，小火爆香红葱末，加入香菇丝、洗净的虾米及肉丝一起炒至肉丝变色。

02 加入胡萝卜丝、圆白菜丝炒至微软后，加入所有调料和高汤煮沸。

03 最后加入熟油面和葱花一起拌炒至汤汁收干即可。

主料

熟油面 200 克，香菇丝 5 克，虾米 15 克，肉丝、圆白菜丝各 50 克，胡萝卜丝 10 克、高汤 100 毫升

调料

盐 1/2 小匙，鸡精 1/4 小匙，红葱末 10 克，白糖、陈醋、食用油、葱花各少许

小知识

糖是一种有机化合物，是人体产生热量的主要物质。醋是一种发酵的酸味液态调味品，多由糯米、高粱、大米、玉米、小麦以及糖类和酒类发酵制成，是中国各大菜系中传统的调料之一。

糖醋炒面

做法

01 韭黄洗净沥干切段，备用。

02 将广东炒面放入开水中拌开，熄火捞出摊凉后，淋上少许油，以防粘连，备用。

03 热锅，倒入3大匙色拉油，再放入面条以小火煎，并不时翻动面团，煎到两面均脆黄后，盛起沥油备用。

04 将韭黄放入锅中，略炒软后，放至面上，再加入适量的调味料即可。

主料

广东炒面200克，韭黄80克

调料

镇江香醋、糖各适量，色拉油3大匙

小知识

挞挞面又名手工宽面，荥经县城中的面馆多在上午经营手工制作的宽面，兼售焦盐饼子，食客多二者并存餐，此种面食香脆入口，为大众喜食。挞挞面在荥经已有 100 多年的历史。其特点是手工制作，主要经过调、和、揉、挞等几道工序来完成，其“挞”堪称一绝，故称“挞挞面”，成为县外名食。主要品种有牛肉、杂酱、猪肉、排骨等多种口味，配以考究的佐料，色、香、味俱全，深受广大顾客喜爱。荥经本地多念此为“挞挞面”。

参考视频

挞挞面（四川）

主料

面粉、猪肉、牛肉、排骨、高汤各适量

调料

红油、酱油、食用油、盐、白糖、鸡精、花椒、干海椒、香菜、八角、酸菜各适量

做法

01 选料。根据面点要求，一要选用精制面粉，二要选用新鲜面粉。

02 和面。要注意加水、加盐、揉面三个环节。水最好为天然优质泉水。不加碱，仅加少量精盐，经反复手工揉搓，使之软硬适合，增强柔韧性、延展性。

03 制胚条。将和好的面团，揪剂子、出条子，按一碗一条分量制作好胚条。然后，抹上清油，码放在案板上，用清洁面巾将其覆盖，民间称之为“醒面”。

04 挞制。这是荥经挞挞面手工制作技艺的最关键一个环节。“挞”面时，压、捡、抡、摔、叠、扣环环动作自然顺畅，一气呵成。要求挞成粗细相当、厚薄均匀、长短适中的面条。先将胚条用手压扁，再逐条捡起。捡的条数越多，技艺越高。即为“一手面”论手艺高下。再经过抡起、摔打、叠面、扣挞。手工挞挞面此道工序方才完成。

05 煮面。要求水宽火旺、翻滚鲜开，顺势下面，筷子搅动，似浪里白条，上下翻滚、左右鱼跃。根据各人不同口感，适时掌握火候、捞起入碗。

06 加臊。根据食客喜好，加入精制入鲜入味的三鲜、杂酱、排骨、牛肉、酸菜、干臊等臊子，泼于刚出锅入碗的挞挞面上。顿时，色、香、味、美满堂飘香。美味小吃挞挞面便大功告成。

小知识

天水浆水面是天水市秦州传统风味美食，城乡居民广泛食用。秦州民间把制做浆水面作为礼待宾客的上等食品，民谚曰："浆水酸菜未入口，满屋清香飘四邻；秦州酸菜菜中宝，清热解毒食欲增。"近代甘肃文人王烜，对天水浆水面曾经有过美妙的描述，他说："此地风光好，芹波美味尝。客食夸薄细，家造发清香。饭后常添水，春残便做浆。尤珍浆水面，一吸尺余长。"

天水浆水面（甘肃）

主料

浆水、精面粉、韭菜各适量

调料

干辣椒、葱花、清油、盐各适量

做法

01 首先要制做好浆水。用菜一般选用鲜嫩的莴苣、苜蓿、荠荠菜等野菜或芹菜、包包菜外层叶为原料，切成细条，煮熟后再烧一锅开水，用少许小麦粉或玉米粉勾芡，加上发酵的引子，盛在瓷、罐、缸内盖好，一二日后即成浆水酸菜。

02 精面粉加水揉成面团，擀成片状，切成面条。

03 韭菜切成小段，待锅中油热后放入，稍微翻炒后加入盐、少量水，待水滚后盛出待用。

04 干辣椒切丝、蒜切片，大火烧至锅底发红时，倒上清油，油一发沫，除沫将尽，立即放入食盐、葱花，用勺快速拨炒，来回数次即可，然后立即倒入带菜浆水，在锅内稍煮片刻，水开，然后盛在盆内备用。

05 锅中加水烧至翻滚，将面条投入煮熟捞出，盛上备用的韭菜汤和浆水汤即可食用。

小知识

天水面鱼是天水的风味小吃之一，这种面食因外形像小鱼儿，故而得名，又名“锅鲰”。天水面鱼历史悠久，唐、宋时期，天水商业发达，南来北往之客皆喜食天水面鱼，外地人初到天水，见到此种食品都很好奇，往往都想一尝为快。

天水面鱼（甘肃）

主料

苞谷面粉、荞麦面粉或玉米淀粉

调料

辣子油、芝麻油、酱油、食盐、醋、蒜泥、浆水、韭菜、香菜各适量

做法

01 水烧至沸腾，一手抓面粉从手缝里一点一点地将面粉撒入水中，一手不停地用筷子搅拌，使面粉与水相融合，逐渐调成糊状，然后继续不停地搅拌，直到面糊变得有筋道，但不能太干，火候一定要掌握适度。

02 当面糊搅匀烧至颜色透亮时，找一个较大器皿盛入凉水，用铁勺将面糊舀到特制的面鱼模具——“锅鲰马勺”里面，用勺背顺势用力挤压，锅鲰就会顺着马勺的小眼一条条地落入水中凝固。

03 其间，锅鲰堆积时要用筷子在清水中拨动一下，防止锅鲰连结在一起。为了使锅鲰尽快冷却定型，还要更换两三次凉水。

04 冷却后的锅鲰就变成了“活蹦乱跳”的“面鱼”，盛入碗中即可食用。

小知识

索面，又称纱面，是温州特产的一种面食。索面富营养，易消化，为浙南民众所喜爱。特别是老人祝寿、生日及妇女“坐月子”都喜欢吃，既有营养又能赶走寒气，相当养胃养颜。吃索面的精髓在于“汤多面少”。索面煮出来看似和普通面条无异，但是味道却更加清、鲜。烧熟时晶莹柔滑，以清汤为伴，加黄酒，常以香菇葱花蛋丝或荷包蛋为佐料，醇香清素，婉转飘荡于清汤之中，诱人食欲。有时一点黄酒，放上一勺浇头，也是一顿农家人的简单午食。

参考视频

温州索面汤（浙江）

主料

索面、虾干、猪肉、鸡蛋、香菇各适量

调料

小葱、姜末、黄酒、鸡精、食用油各适量

做法

01 锅中放入些许食用油，将切好的姜末放入稍微翻炒，倒入老黄酒和适量的水，放入少许鸡精、小葱，制成汤头待用。

02 锅中放入些许食用油，倒入虾干、猪肉、香菇翻炒烹制浇头，盛盘备用。

03 锅里加水烧开，下半扎索面，用筷子将锅中索面散开，待水开以后再加一次冷水，二次水开以后即可捞起。

04 将索面放入汤头，将熬好的老黄酒倒入，再在面上盖上浇头、荷包蛋，即可出锅。

注意事项：

1. 相比煮其他面，煮索面时锅中水要稍多一些，这样不容易糊面。

2. 温州人做索面会放将近小半碗的黄酒，酒量差的吃完一碗索面就会上脸，很有可能还会有被误以为酒驾的风险。

3. 索面的制作过程中加入了精盐发酵，故面条本身含盐量较高，咸味已经足够，面汤中不需要再另外加盐。

4. 面切勿煮太久，索面非常细软，因此极易煮熟，见面稍呈透明状即可捞起。入碗后也要尽快食用，否则面条涨开，泡软烂后会影响口感。

小知识

酱牛肉是指以牛肉为主要原料，经过多种调味料的腌制并经过旺火煮制、微火煨煮而制成的一种肉制品，优质酱牛肉色泽酱红，油润光亮，肌肉中的少量牛筋色黄而透明；肉质紧实，切片时保持完整不会松散，切面呈豆沙色；吃起来咸淡适中，酱香浓郁，酥嫩爽口，不硬不柴。

五香酱牛肉汤面

主料

五香酱牛肉 150 克，鲜面条 300 克，胡萝卜片 30 克，黄豆芽 80 克

调料

牛肉汤适量，米醋 1 小匙，盐 1/2 小匙，香油 1/2 小匙，味精 1/8 小匙，胡椒粉 1/4 小匙

做法

01 胡萝卜去皮切片。

02 把黄豆芽和胡萝卜片放入开水锅中焯烫 3 分钟，捞出，用盐（1/4 小匙）、香油、味精拌匀。

03 酱牛肉切成大片。

04 锅内加足量的水烧开，放入面条煮熟。

05 牛肉汤加适量面汤烧开，加入胡椒粉和剩余的盐调味后，盛入碗中加醋调匀。

06 再把面条捞入汤碗中，面条上依次放入胡萝卜片、黄豆芽、酱牛肉片，吃时拌匀即可。

小知识

温州敲虾面，浙江小吃。温州地处海滨，擅长以海鲜为料制作各种菜肴和小吃，敲虾、敲鱼均为温州的特色方法。敲虾，是以鲜虾去头、剥壳、留尾，沾上干淀粉用小木槌敲制而成的一种虾片；渗呈扇形，然后入沸水锅焯水，虾尾鲜红，虾片洁白透明，又称之为“玻璃虾扇”或“凤尾敲虾”。虾肉敲成薄片后，肉质更加劲弹爽滑，面积更大更容易入味，比直接吃虾仁更受到食客的喜爱。

温州一带历来有吃敲虾的传统，逢年过节都要制作敲鱼或者敲虾款待亲友和贵客。敲虾制作好之后不仅可以二次回锅，加入蔬菜片调味翻炒，也可以做成汤头甚至是简单的一碗面。

参考视频

温州敲虾面（浙江）

主料

面、基围虾、香菇、猪肉、青菜各适量

调料

姜、洋葱、红绿彩椒、盐、白糖、白胡椒粉、料酒、番薯淀粉（玉米淀粉）、橄榄油、高汤各适量

做法

01 将鲜虾去头，去壳，挑虾线，保留虾尾，然后再将虾肉整个从背部剖开摊成一片放平，加入少许料酒、盐、白胡椒粉搅拌均匀腌制 15 分钟，沥干待用。

02 在案板上撒上番薯淀粉或者玉米淀粉，虾肉上下翻面裹上淀粉，用擀面杖或者专门敲虾的木槌，将虾敲成一张虾片。然后下锅氽熟，看到肉质变透明就可以捞起，可以再过一遍冷水，让肉质更加的紧实。

03 热锅倒入橄榄油，倒入猪肉丝、洋葱、姜片、彩椒煸香，倒入高汤，放进做好的虾片。

04 煮沸后放入香菇、青菜等辅料，加入面条，最后视口味加少许盐、白糖、白胡椒粉提鲜，即可起锅。

注意事项：

1. 敲虾时边敲边撒干淀粉，不容易打滑，敲起来更容易些。
2. 虾尽量敲薄一些，口感更加爽滑弹牙。
3. 焯敲时，虾尾变红，虾肉变不透明，即可捞出，别焯过了。
4. 放入凉水泡是为了让虾的肉质变紧实弹牙，这一步不能省。

小知识

在温州，要说最具代表性的面条，那就是清江三鲜面，已被列入温州非物质文化遗产。三鲜面其实不止三鲜，可以是小黄鱼、跳鱼、牡蛎、蛤蜊、虾或者蛏子，也可以根据口味再加蝤蠓等海鲜，佐料则是蛋花、肉末等。清江三鲜面在温州的大街小巷，可以说是遍地开花。三鲜面，“鲜”是灵魂，黄鱼肉质爽滑紧柔嫩，入口即化，白虾弹牙还带着甜口。还有姜丝蛋散，微辣暖胃，抵御海鲜的寒性，尤其热汤特别鲜美。

参考视频

温州三鲜面（浙江）

做法

01 将乐清粉干用温水泡 30 分钟到 1 个小时，将泡好的粉干捞出，沥干水分备用。

02 做姜蛋，姜洗净，去皮，切末；鸡蛋搅匀加入姜末，再搅一下，锅里放少许油，小火，煎姜蛋，煎好了拿出来备用。

03 锅里放油，烧至六成热，放小黄鱼（或青蟹等食材，视时令），煎至两面金黄，捞出，沥干油备用。

04 锅里放油，放肉丝、葱，放入白虾、蛤蜊、蛏子，加适量盐、料酒、酱油，稍稍翻炒，倒入适量水，加入姜蛋、小黄鱼，猛火烧至汤汁变成奶白色。

05 放入乐清粉干，可根据喜好放入小青菜、葱，至面熟即可。

主料

乐清粉干、小黄鱼、蝤蠓、蛤蜊、蛏子、白虾、鸡蛋、猪肉各适量

调料

生姜、葱、小青菜、料酒、酱油各适量

小知识

武威“三套车”由行面、腊肉、茯茶组成，特点是行面口爽味鲜，腊肉香而不冲、肥而不腻、熟而不烂，茯茶香甜可口、色泽浓艳。制作方式体现了典型的西北地区饮食制作习惯，味道以咸鲜香为主，面条劲道，佐以木耳、蘑菇、黄花、蒜薹、芫荽、洋芋粉制作的卤汤，口味鲜爽，再配以传统腊汁及炖肉调料经特殊烹调工艺制成的腊肉，别有一番独特滋味。常见于武威城区北关市场和其他一些市场，因经济实惠和方便快捷被称为“凉州快餐”，集饮食文化及营养科学为一体，深受到当地群众和游客喜爱。

参考视频

武威“三套车”（甘肃）

行面

主料

优质面粉，凉水，卤肉，卤汤，优质淀粉，植物油，葱，姜，蒜，木耳，蘑菇，黄花，蒜薹，香菜

调料

精盐，味精，大料，花椒

做法

01 在凉水中加食盐少许（调出淡淡的咸味即可），将淡盐水徐徐加入面粉中，把面粉和成面团，使劲揉透揉匀（面内无积水、无干面、软硬一致）。

02 将和好面团擀成块状，切成大小基本相等的条块后压成薄厚均匀，宽窄适宜的条形，抹上植物油，有次序地排放在盘中，上面盖上塑料膜，置于常温中半小时左右。

03 取植物油少许入锅加热，放入葱、姜、蒜末，炸出香味，添加适量的开水和卤汤（开水与卤汤的比例约为3∶1），汤汁沸腾后，加入切好的卤肉片、木耳、蘑菇、黄花、蒜薹，煮3—5分钟后，倒入淀粉溶液，使汤汁成糊状，根据个人口味加入一定量花椒粉、大料粉、味精和芫荽，即可完成行面卤子调配。

04 将行好的面捋成宽窄不等的长条状，入锅煮熟，盛入碗中再加预先配好的卤子，根据个人口味拌上油辣子、蒜汁即可食用。

腊肉

做法

01 将新鲜猪肉去毛后，投入沸水中约十几分钟捞出，除去表面的血渍。

02 在开水中兑入鸡汤，陈卤汤，再将三香、四寇、花椒、生姜、良姜、桂皮、料酒、酱油一一加入，中火熬 1 小时左右。

03 将事先已经除去毛和血渍的猪肉（块不能太大）投进热汤中，温火慢煮。

04 将煮熟的肉捞出，置于器皿中，充分冷却后切成薄片装盘即可食用。

主料

新鲜猪肉，鸡汤，陈卤汤

调料

三香（大香、茴香、丁香），四寇（草寇、肉寇、白寇、紫寇），花椒，生姜，良姜，桂皮，料酒，酱油

茯茶

做法

01 将上述用料（除白砂糖外）按一定的比例同时加入开水中，温火熬半小时。

02 将熬好的茶水倒入玻璃杯中，再依个人口味加入一定量的白糖，即可饮用。

主料

茯茶，炒红枣，枸杞，核桃仁，桂圆，苹果，山楂，白砂糖

“王馍头”炸酱拉面始创于20世纪初，是开封最早的拉面馆。拉面制作采用纯手工，拉好的面直接下锅，在沸水中煮制后过凉水，爽滑劲道。炸酱采用开封本地的西瓜酱炒制，肉酱红润浓稠，再根据季节搭配四种不同配菜，搅拌在一起，吃起来十分美味。

参考视频

“王馍头”炸酱拉面（河南）

做法

01 将拉面放水中煮熟捞出过凉（冬季过凉后可放开水中再过一下），盛入碗中。

02 将食材中的素菜面码和调料一同上桌。

03 各种配菜根据自身喜爱自行添加。

04 拌匀即可食用。

主料

拉面250克，黄瓜30克，绿豆芽30克，鸡蛋皮丝30克，胡萝卜丝30克，荆芥叶30克

调料

炸酱肉卤1小碗，奶油蒜汁1小碗，香醋1小碗，芝麻酱1小碗，红油1小碗

小知识

新野板面是在面板上摔出来的面条。食材以小麦面粉为主料，加入食盐和水，充分搅拌和成面块，经垛盘醒发后，面团变得又软又筋，既能拉长又不断裂，下锅耐煮，吃着耐嚼，口感滑爽。再浇上牛羊肉臊子，吃起来就更加味美可口。新野板面卤制的牛羊肉臊子，不但味道鲜美营养丰富，而且不加任何防腐剂，可保质一年不变质，是一大特色。

新野板面（河南）

做法

01 锅中放油加热，油至五成热时放入新野臊子，炒熟透后盛出备用。

02 把食盐和水兑入面粉中，和成面团，反复揉搓，至筋道。根据个人食量取出部分面团拉成三根小长条，再经过反复揉条摔板，直至其触摸如丝绸、手扯有拉力、提起似瀑布、板时噼啪作响即可，等待下锅。

03 把面条放入沸水中，面条煮六分熟时下入青菜，煮熟后带汤盛出装碗。

04 根据个人口味，将一小勺左右臊子浇在煮熟的面上，拌匀即可食用。

主料

高筋面粉 500 克，食盐 10 克，水 200 毫升，新野臊子 1 小袋，青菜 5 片

调料

食用油、盐、香油各适量

小知识

鸡肉肉质细嫩，滋味鲜美，适合多种烹调方法，并富有营养，有滋补养身的作用。鸡腿肉蛋白质的含量比例较高，种类多，而且消化率高，很容易被人体吸收利用，有增加体力、强壮身体的作用。鸡肉含有对人体生长发育有重要作用的磷脂，是人体膳食结构中脂肪和磷脂的重要来源之一。

香油鸡面

做法

01 将鸡腿切块，以清水洗净，备用。

02 炒锅倒入香油与姜片，以小火慢慢爆香，至姜片卷曲。

03 加入土鸡腿块，炒至表面上色且熟透。

04 再加入米酒、水，以大火煮至沸腾后，转小火煮约 40 分钟，起锅前加入鸡精和白糖，拌匀调味即为香油鸡。

05 将面条放入沸水中煮熟，捞起沥干盛入碗中，盛入适量香油鸡即可。

主料

面条 150 克，鸡腿 100 克，姜片 10 克

调料

香油 10 毫升，米酒 20 毫升，鸡精 1 大匙，白糖 2 小匙

小知识

西兰花中的营养成分，不仅含量高，而且十分全面，主要包括蛋白质、碳水化合物、脂肪、矿物质、维生素C和胡萝卜素等。除了抗癌以外，西兰花还含有丰富的抗坏血酸，能增强肝脏的解毒能力，提高机体免疫力。

西兰花大虾卤面

做法

01 将西兰花洗净，掰成小朵。

02 锅内加水烧沸，下入挂面，中火煮熟，捞出，投凉，捞入碗内。

03 大虾洗净，挑去沙线。

04 锅内注入鲜鸡汤，下葱姜汁、盐、大虾、西兰花烧沸，加入胡椒粉搅匀，用淀粉勾芡，淋入香油，出锅浇在煮熟的面条上即可。

主料

挂面200克，大虾、西兰花各50克

调料

盐、胡椒粉、鸡精、淀粉、香油各适量，鲜鸡汤150毫升，葱姜汁10克

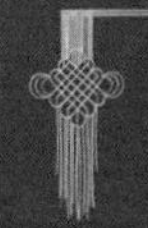

小知识

西红柿果实营养丰富，具特殊风味，又有多种功用，被称为神奇的“菜中之果”。富含各种维生素、番茄红素，以及镁、铁、磷等矿物质成分，以及胡萝卜素、纤维素等人体所需营养成分，常吃对人体有很多好处。

西红柿面

做法

01 葱洗净切段；洋葱去皮洗净切丝；西红柿洗净去皮切片备用。

02 起油锅，爆香葱段及洋葱丝，放入综合高汤煮开，再加入西红柿片，转小火续煮至出味后，加盐调味，再放入洗净的柳松菇、青菜续煮。

03 面条煮熟，沥干放入锅中，稍微搅拌熄火起锅即可。

主料

面条 150 克，葱 2 棵，洋葱 1/4 个，西红柿 2 个，柳松菇 50 克，青菜少许，综合高汤 200 毫升

调料

盐少许，食用油适量

小知识

西红柿去皮小技巧：把西红柿划开十字口，放在热水里面煮几分钟，或者把西红柿放在一个碗里面，倒入滚烫的开水，让番茄在开水里面泡几分钟以后，就可以看到表皮已经开始裂开，这时候就很容易把皮剥开了。

西红柿牛肉面

做法

01 将拉面放入沸水中煮 3—5 分钟，其间用筷子略微搅动数下，再捞出沥干备用。

02 取小白菜洗净后切段，放入沸水中焯烫约 1 分钟，捞起沥干备用。

03 取一碗，将煮过的拉面放入碗中，再倒入西红柿牛肉汤，加入汤中的熟牛肉块，放上烫过的小白菜段与葱花即可。

主料

拉面 150 克，西红柿牛肉汤 500 毫升

调料

小白菜适量，葱花少许

小知识

去虾线，既是因为虾的消化道里有脏东西，还因为虾线影响口感，尤其是白蒸和酒焖的时候，虾线中含有苦味的物质，在热量作用下会掩盖鲜虾清甜的味道。鲜虾不能过早入锅，以免虾肉变老，影响口感。

西红柿鲜虾面

做法

01 煮开一锅水，加少许盐（材料外），放入细面，用筷子搅开，煮3—4分钟至全熟，捞起沥干。

02 将沥干的细面摊开在大盘上，加入适量食用油拌匀，放凉备用。

03 新鲜虾仁洗净，放入沸水中氽烫至熟，捞起泡水备用。

04 将拌好的细面卷起放入盘中，再淋上番茄莎莎酱，最后摆上熟虾仁和香菜即可。

主料

细面100克，新鲜虾仁80克

调料

番茄莎莎酱3大匙，食用油适量，香菜少许

虾酱拌面

做法

01 虾仁洗净，入开水中氽烫至熟，捞起沥干水分切碎；虾米洗净，沥干水分切碎，备用。

02 热锅，加入3大匙色拉油，放入虾米末、蒜泥、红葱头末、葱花及五花肉，一起拌炒。

03 再加入虾酱炒匀，放入米酒、水、其余调味料，以小火煮约10分钟，加入虾仁末拌匀，最后加入水淀粉勾芡，即成虾酱备用。

04 面条放入开水中煮约3分钟，捞起沥干水分，放入碗中，加入2大匙虾酱，撒上葱花即可。

主料

细拉面150克，葱花50克，虾仁150克，虾米50克，五花肉泥100克

调料

虾酱1小匙，蚝油1小匙，盐1/4小匙，糖1小匙，水淀粉1小匙，色拉油3大匙，红葱头末30克，蒜泥20克，米酒2大匙

小知识

虾酱是中国沿海地区以及东南地区常见的调味料，是用小虾加入盐，经发酵磨成黏稠状后，在阳光下暴晒把水分蒸发而成。好的虾酱颜色紫红，呈黏稠状，气味鲜香，无腥味，酱质细腻，没有杂鱼，咸度适中。

虾酱肉丝炒面

做法

01 热油锅，放入蒜末及虾酱以小火爆香，再放入猪肉丝炒散。

02 接着加入油面、高汤、酱油、鱼露、鸡精、白糖以大火炒至汤汁快收干时，再放入韭黄段及洗净的豆芽炒透，起锅前滴入香油拌匀即可。

主料

油面（熟）200克，猪肉丝100克，韭黄段30克，豆芽50克

调料

虾酱2小匙，香油少许，酱油1小匙，鱼露1大匙，鸡精1小匙，白糖1小匙，蒜末2小匙，食用油适量，高汤120毫升

小知识

虾仁的营养价值很高，含有蛋白质、钙，而脂肪含量较低，配以笋尖、黄瓜，营养更丰富，有健脑、养胃、润肠的功效，适宜于儿童食用。优质虾仁的表面略带青灰色或有桃仁网纹，前端粗圆，后端尖细，呈弯钩状，色泽鲜艳，手感饱满并富有弹性。

虾仁炒面

做法

01 虾仁去虾线洗净，韭黄洗净切段备用。

02 煮一锅沸水，将阳春面放入煮约 2 分钟后捞起，冲冷水至凉后捞起，沥干备用。

03 热油锅，放入蒜末、红辣椒末爆香，再加入洗净的虾仁炒至变红。

04 放入韭黄段及所有调料一起快炒至香，加入高汤，最后加入沥干的阳春面一起炒匀至收汁，入味即可。

主料

阳春面 160 克，虾仁 100 克，韭黄 50 克，红辣椒末 10 克，蒜末 5 克，高汤 50 毫升

调料

蚝油 1/2 大匙，鸡精 1/4 匙，盐、白糖、胡椒粉各少许，食用油适量

小知识

黄鳝不仅为席上佳肴，其肉、血、头、皮均有一定的药用价值。据《本草纲目》记载，黄鳝有补血、补气、消炎、消毒、除风湿等功效。黄鳝的血清有毒，误食会对人的口腔、消化道黏膜产生刺激作用，但毒素不耐热，因此要煮熟后食用。

虾鳝面

做法

01 将虾仁洗净，加盐、蛋清和湿淀粉搅匀，下入热油锅中炒熟。

02 鳝鱼片洗净，沥干，切段，下入热油锅中炒 2 分钟，至黄亮香脆时，盛出沥油。

03 锅底留油，下入葱姜丝煸香，加入鳝鱼片和虾仁，再加酱油、料酒、清汤，烧开后下入面条煮熟，盛入碗中，淋上香油即可。

主料

清汤 750 毫升，面条 200 克，虾仁 50 克，去骨黄鳝片 25 克

调料

蛋清、湿淀粉、盐、植物油、葱姜丝、酱油、料酒、香油各适量

小知识

虾营养丰富，且其肉质松软，易消化。虾皮中含有丰富的钙，虾肉中含有丰富的镁，镁对心脏活动具有重要的调节作用。虾忌与某些水果同吃，如葡萄、石榴、山楂、柿子等，不仅会降低蛋白质的营养价值，而且容易引起人体不适，虾与这些水果同吃，至少应间隔 2 小时。

虾汤面

做法

01 鲜虾洗净剥壳，保留虾仁、虾头和虾壳；上海青洗净，备用。

02 热锅，加入食用油，加入虾头与虾壳以小火炒香，加入高汤煮约 15 分钟，加入白胡椒粉调匀，滤除虾壳即为虾高汤。

03 备一锅沸水，将细拉面煮熟捞起，放入碗中备用。

04 将虾高汤煮沸，加入洗净的上海青、虾仁、鱼板及盐，煮至虾仁熟透，倒入面碗内即可。

主料

细拉面 100 克，鲜虾 3 只，上海青 3 棵，鱼板 1 片，高汤 400 毫升

调料

盐 1/2 小匙，白胡椒粉 1/2 小匙，食用油适量

鲜牛肉焖伊面

做法

01 伊面加入开水中煮软，捞出摊凉、剪短；牛肉片洗净加入所有腌料拌匀腌渍 30 分钟；青菜洗净切 3 厘米段；香菇洗净切丝，备用。

02 取锅烧热后，加入 1 大匙色拉油，放入腌牛肉片炒至变白盛出。

03 锅内加入洋葱丝及香菇丝略炒，加入水及所有调味料，放入剪短的伊面，以小火煮 3 分钟，最后加入青菜段拌炒 2 分钟即可。

主料

伊面 1 袋，牛肉片 100 克，青菜 80 克，香菇 3 朵，洋葱丝 20 克，水 250 毫升

调料

盐 1/2 小匙，蚝油 1.5 大匙，糖 1/4 小匙，色拉油 1 大匙

腌料

小苏打 1/2 小匙，酱油 1 大匙，盐 1/4 小匙，糖 1/2 小匙，水 2 大匙，淀粉 1 小匙，米酒 1/2 小匙，胡椒粉 1/4 小匙

小知识

馄饨是起源于中国的一道民间传统面食，用薄面皮包肉馅儿。古代中国人认为这是一种密封的包子，没有七窍，所以称为“混沌”，依据中国造字的规则，后来才称为“馄饨”。唐朝起，正式区分了馄饨与水饺的称呼。

鲜肉馄饨面

做法

01 取一汤锅，煮水至滚沸后，放入面条即转小火煮约 2 分钟，捞起盛碗备用。

02 上海青洗净，放入锅中加以汆烫后捞起，放于面条上备用。

03 放入馄饨，转小火将其煮约 2 分钟至熟后捞起，放于面条上。

04 将高汤加盐煮滚后熄火，倒入碗中即可。

面条 80 克，包好的馄饨 8 颗，高汤 200 毫升，上海青 4 棵

盐 1/2 小匙

小知识

处理蛤蜊的小技巧：将蛤蜊在淡盐水中浸泡 10 分钟，泥沙杂物会自动脱离，搓洗至水清。在干净的淡盐水中滴少许香油，用筷子将装蛤蜊的漏筐支在水盆中央，可让蛤蜊吐出大量泥沙，吐出的沙子直接沉底，再吸进去的水便是干净的，等到蛤蜊吐不出泥沙时即可。

鲜虾蚌面

做法

01 蛤蜊洗净加入冷水和少许盐（分量外）拌匀，静置使其吐沙，约 2 小时后重复上述做法，再约 2 小时后洗净，沥干备用。

02 小白菜洗净切段；鲜虾洗净，备用。

03 备一锅沸水，将蔬菜面煮熟捞起，放入碗中备用。

04 将蚌面高汤煮沸，放入洗净的蛤蜊、鲜虾、小白菜段及盐，煮至蛤蜊张开，倒入面碗内。

05 最后于面碗内加入蛤蜊水即可。

主料

蔬菜面 100 克，鲜虾 3 只，蛤蜊 100 克，小白菜 60 克，蚌面高汤 300 毫升，蛤蜊水 3 大匙

盐 1/2 小匙

鲜虾酱汤面

做法

01 海虾用牙签挑出虾线，洗净备用。
02 生菜洗净，切成丝。
03 锅内加水烧开，放入 2 大匙炸肉酱搅拌均匀。
04 大火煮 2 分钟，使酱的香味充分融入到汤中。
05 面条下入锅中，用筷子轻轻搅拌，煮至面条浮起。
06 放入海虾煮 2 分钟，再放入生菜丝，捞出面条盛入碗中即可。

主料

活海虾 100 克，炸肉酱 2 大匙，鲜面条 140 克，生菜叶 50 克

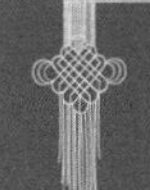

自动煮面智能贩卖机亮相上海

2016 年 1 月 12 日，消费者在品尝自动煮面智能贩卖机制作的面食。

当日，自动煮面智能贩卖机在上海首次亮相，消费者等待时间为 60 秒即可“现煮立食”，该款自动贩卖机使得机器化、自动化无人餐饮在上海成为现实。

新华社记者　陈飞 / 摄

小知识

挑选蛤蜊的小技巧：买蛤蜊要选择张嘴换气的，这样的活蛤蜊吃起来更鲜美，而且尽量选择全身舒展的，吐沙比较均匀一些。不要选张开壳的，有些蛤蜊已经张开壳了，说明蛤蜊已经死亡，这样的蛤蜊炒熟后有股腥臭味。

鲜鱼蚌面

做法

01 将蛤蜊处理干净，入锅煮至开口，同蛤蜊水留用；金针菇洗净；鲷鱼片加盐腌制。

02 将3000毫升水煮沸，加入熟鲜鱼肉、圆白菜片、葱段、胡椒粒及姜片，熬煮约4小时后以滤网过滤出鲜鱼高汤。

03 鲜鱼高汤煮沸，加入细拉面稍煮，再加入小白菜段、金针菇、鱼板、鲷鱼片、盐，煮至鲷鱼片熟透，倒入碗内，再加入蛤蜊和蛤蜊水即可。

主料

细拉面100克，熟鲜鱼肉200克，圆白菜片250克，葱段10克，姜片5克，鲷鱼片50克，蛤蜊125克，小白菜段60克，金针菇15克，鱼板3片

调料

盐1/2小匙，胡椒粒10克

小知识

小揪片是山西的一种面食制作技法，在平遥又名“亲圪垯”。用食指和拇指配合，沿着面片揪成拇指大小的面片。当地人制作极其熟练，食指拇指相互捻动，面片一个接一个快速飞入锅中。小揪片大小均匀，厚薄一致，口感筋韧。配上羊肉汤或各种卤料，就地取材，可干可汤，风味别具一格。

小揪片（山西）

主料

面粉适量，五花肉 300 克

调料

葱结 50 克，蒜片 5 克，姜 5 克，盐 4 克，食用油 20 毫升，花椒 3 克，大料 5 克，干辣椒 5 克，料酒 5 克，老抽 5 克，十三香 3 克，胡椒粉 2 克

做法

01 将面粉、水调制成水调面团，醒 30 分钟左右备用。

02 五花肉洗净，切成略厚的片。炒锅内热油，下花椒爆香后捞出。下葱段、姜蒜片、干辣椒、大料爆香。

03 肉片下锅，放入十三香、胡椒粉翻炒至肉片发白。依次烹入料酒、老抽，均匀上色后倒入砂锅。添加足量的开水，加入适量的盐，大火烧开，小火慢炖 1 小时以上即可。

04 取一块面团，用手揉均匀，然后平放于案板上，用擀面杖向四周用力擀开成 3—4 毫米的片状。将面片分割成宽约 5 厘米的长条形片状，然后一手托面片，另一手用食指与拇指相配合，从下住上将其揪成拇指大水的片状面。

05 揪好后下入沸水锅中煮 3 分钟左右即熟。将提前加工好的小炒肉卤适量加入煮好的面中。

小知识

镇江香醋是江苏镇江的地方传统名产。镇江香醋属于黑醋、乌醋，创制于1840年，驰名中外，香字说明镇江醋比起其他种类的醋来说，重点在于有一种独特的香气。

香醋麻酱面

做法

01 洋葱洗净切小丁备用。

02 将调味料A加上蒜泥充分拌匀后备用。

03 取一汤锅放入水3000毫升，滚开后，先加入调味料B，再放入油面煮2分钟至熟后，捞起摊开，再放入洋葱丁及青豆仁烫5秒钟后捞起，备用。

04 油面入碗，将做法2的调味料淋在油面上拌匀后，再放上青豆仁及洋葱丁即可。

主料

油面150克，青豆仁10克，洋葱20克，蒜泥1/2小匙

调料

A 麻酱汁1大匙，镇江香醋1/2小匙，蚝油1小匙，糖1/4小匙，盐1小匙

B 盐1小匙

麻酱汁调料

芝麻酱汁2大匙，蚝油1小匙，盐、白糖各1/4小匙，鸡精少许

小知识

香菇起源于我国，是世界第二大菇，也是我国久负盛名的珍贵食用菌，被人们誉为“菇中皇后”。我国最早栽培香菇，至今已有800多年历史。香菇也是我国著名的药用菌。历代医药学家对香菇的药性及功用均有著述。

香菇拌面

做法

01 将泡发处理好的香菇、姜片及葱段一起蒸30分钟。

02 锅中倒入米酒及高汤烧热，放入做法1的材料及芥蓝、蚝油，中火煮开后以水淀粉勾芡，并淋入色拉油。

03 将生面放入开水中煮8分钟，捞出以冷水冲凉，再次放入开水中续烫5秒钟后，捞出沥干水分，盛入盘中。

04 最后将做法2的汤料淋在面条上即可。

主料

干香菇5朵，芥蓝4棵，姜片少许，葱段少许，高汤100毫升，生面150克

调料

米酒少许，蚝油2小匙，水淀粉20毫升，色拉油10毫升

小知识

挂面是以小麦粉添加盐、碱、水经悬挂干燥后切制成一定长度的干面条。挂面因口感好、食用方便、价格低、易于贮存，一直是人们喜爱的主要面食之一。

香菇炒挂面

做法

01 将挂面煮约 8 分钟，熟后，捞起泡冷水至凉，沥干备用。

02 圆白菜洗净切丝；胡萝卜洗净切丝；葱洗净切段；香菇洗净泡水至软，再捞起后沥干、切丝。

03 热锅，倒入色拉油烧热，放入葱段、虾米和香菇丝略炒，再加入圆白菜丝与胡萝卜丝一起快炒均匀。

04 锅内放入面条、所有调味料和水，一起拌炒至汤汁收干即可。

主料

挂面 100 克，圆白菜 80 克，胡萝卜 30 克，虾米 15 克，香菇 30 克，葱 1 根，水 60 毫升

调料

酱油 1 小匙，盐、糖、胡椒粉 1/2 各小匙，色拉油 2 大匙

香菇胡萝卜炝锅面

做法

01 菜心切段，香菇、蒜、胡萝卜均切片。

02 起油锅，油温升至五成热时爆香蒜片。

03 放入菜心、胡萝卜、香菇略炒。

04 加足量清水大火烧开。

05 将鲜面条用水冲洗，去掉外面那层防粘淀粉，以保持汤汁清澈。

06 洗好的面条放入锅中煮熟，加盐、味精、胡椒粉调味即可。

主料

鲜面条 130 克，香菇 20 克，胡萝卜 20 克，菜心 100 克

调料

大蒜 1 瓣，盐 1/2 小匙，味精 1/4 小匙，胡椒粉 1/4 小匙

小知识

拉面的技术性很强，要制做好拉面必须掌握正确要领，即和面要防止脱水，晃条必须均匀，出条要均匀圆滚，下锅要撒开，防止蹲锅疙瘩。拉面根据不同口味和喜好还可制成小拉条、空心拉面、夹馅拉面、龙须面、扁条拉面、水拉面等不同品种。

香菇鸡丝拉面

做法

01 鸡脯肉煮熟，切成小块，撕成细丝，加盐、香油拌匀。

02 干香菇泡发，去蒂洗净，切小丁。

03 香菜择洗干净，切段。

04 锅内加鸡油烧热，放入葱姜末炝锅，烹绍酒，注入鸡汤，下香菇丁煮至汤沸，下入拉面煮 8 分钟至熟，加入酱油、盐、鸡粉、香油调好口味，出锅装碗中，撒上鸡肉丝和香菜段即可。

主料

拉面 200 克，鸡脯肉 50 克，干香菇 30 克

调料

鸡油、酱油、绍酒、盐、鸡粉、香油、鸡汤、葱姜末、香菜各适量

香菇酱肉面

做法

01 香菇、红辣椒洗净，切小丁；青菜洗净切段；酱肉切小丁。

02 拉面煮熟，捞入碗中。

03 炒锅上火，加花生油烧热，下葱姜末炝锅，放香菇、酱肉、红辣椒丁煸炒片刻，调入盐、白糖，烹入绍酒、酱油，注入鲜汤，待汤沸时下入青菜稍煮，离火，倒入面碗中即成。

主料

拉面 200 克，水发香菇 25 克，酱肉 50 克，红辣椒 15 克，青菜 20 克

调料

盐、绍酒、酱油、白糖、葱姜末、鲜汤、花生油各适量

香菇肉羹面

做法

01 锅加入食用油，爆香红葱末、蒜末后取出。

02 原锅中放入香菇丝炒香，加入高汤，放入胡萝卜丝、熟笋丝煮开，加入做法1的材料及生抽、盐、冰糖，以水淀粉勾芡。

03 肉羹汆烫30秒，捞出放入熟细油面的碗中。

04 在肉羹面碗中加入适量做法2的材料，再加香油、陈醋、胡椒粉拌匀，撒上洗净的香菜即可。

主料

熟细油面、肉羹各200克，香菇丝20克，红葱末、蒜末各5克，胡萝卜丝15克，熟笋丝20克，高汤700毫升

调料

生抽1大匙，盐、香油、陈醋、胡椒粉各少许，冰糖1/3大匙，水淀粉、香菜、食用油各适量

小知识

高汤是烹饪中最常用的辅料之一，做菜时凡需加水的地方换作加高汤，菜肴必定更美味鲜香。焐高汤，一定要用小火，火大则汤不清，烧好的高汤，可以装入塑料袋冷冻起来，随用随取，如果下班没有时间做汤，只要拿出一包来，加热后放些蔬菜，就是一道好汤。

香菇汤面

做法

01 所有主料 B 放入汤锅中，以小火熬煮约 3 小时即为香菇高汤备用。

02 将泡发香菇与调料 A、香菇高汤 100 毫升放入蒸锅中，以大火蒸约 30 分钟备用。

03 将拉面、青菜煮熟放入碗中，加入香菇高汤 500 毫升、调料 B，再加入蒸好的香菇即可。

主料

A 泡发香菇 4 朵，拉面 150 克，青菜适量

B 水 3000 毫升，黄豆芽 500 克，香菇 20 朵，红枣 10 颗

调料

A 姜 2 片，葱 1 根，盐 1/4 小匙，色拉油少许

B 盐 1/2 小匙，糖 1/4 小匙

小知识

芹菜是一种高营养价值的蔬菜，富含蛋白质、碳水化合物、膳食纤维、维生素、钙、磷、铁、钠等20多种营养元素。蛋白质和磷的含量比瓜类高1倍，铁的含量比番茄多20倍。

香芹肉丁拌面

做法

01 香芹择洗干净，切1厘米长的小段；豆腐干切丁；葱、姜切片，猪肉切丁。

02 猪肉丁用胡椒粉、料酒、干淀粉搅拌均匀。

03 起油锅，油温升至四成热时，放入猪肉丁滑炒至变色盛出。

04 另起油锅，爆香葱、姜，放入香芹段和豆干略炒。

05 再放入猪肉丁，加盐、白糖、酱油大火翻炒1分钟，加味精调匀即可。

06 面条放入开水锅中煮熟，捞入碗中，加炒好的香芹、豆腐干肉丝和油爆剁椒酱即可。

主料

鲜面条350克，香芹400克，豆腐干100克，猪肉150克

调料

白糖1/2小匙，味精1/2小匙，胡椒粉1/4小匙，盐、料酒、酱油、干淀粉各1小匙，葱、姜、油爆剁椒酱、植物油各适量

小知识

刀削面对和面的技术要求较严，水、面的比例，要求准确，一般是1斤面3两水，打成面穗，再揉成面团，然后用湿布蒙住，饧半小时后再揉，直到揉匀、揉软、揉光。如果揉面功夫不到，削时容易粘刀、断条。另外刀削面之奥妙在刀功。刀，一般不使用菜刀，要用特制的弧形削刀。

雪菜肉末刀削面

做法

01 雪菜洗去咸味，捞出沥干水分后切段，以干锅将雪菜段煸至表面干香，盛出备用；调料B调匀成水淀粉备用。

02 热锅倒入2小匙色拉油，放入猪肉泥炒至颜色变白，加入蒜泥以小火炒香，放入雪菜段、红辣椒末、水以及调料A，改大火拌炒均匀，倒入水淀粉勾芡，盛起备用。

03 高汤加入调料C煮至滚沸倒入面碗中备用；煮一锅滚沸的水，放入刀削面煮约2分钟至熟透浮起，捞出放入面碗中，最后加入雪菜肉末即可。

主料

刀削面150克，猪肉泥80克，雪菜末50克，蒜泥1/4小匙，红辣椒末1/4小匙，高汤300毫升，水60毫升，色拉油2小匙

调料

A 盐1/4小匙，糖1/4小匙，胡椒粉少许，香油少许

B 淀粉1大匙，水1.5大匙

C 盐1/4小匙

小知识

雪菜，又叫雪里蕻，是我国长江流域普遍栽培的冬春两季重要蔬菜，以叶柄和叶片食用，营养价值很高。有新鲜和腌制品之分，新鲜雪菜是翠绿色的，口感略涩微辣，常用来炒肉末；经盐腌渍的雪菜质脆味鲜，口感爽脆，略带酸味。

雪菜肉丝面

做法

01 雪菜洗净沥干水分，切碎；猪瘦肉丝加入所有腌料拌匀，备用。

02 热锅，倒入1大匙色拉油，加入蒜泥、瘦肉丝炒至变白，再加入雪菜碎炒约1分钟。

03 加入米酒、清高汤100毫升及蚝油、酱油、糖、胡椒粉煮匀，以水淀粉勾芡，盛起备用。

04 300毫升清高汤煮滚后加入盐调味，盛入碗中备用。

05 将面条放入开水中煮约2分钟，捞起沥干水分后倒入做法4的汤头，再加入做法3的炒料即可。

主料

细拉面150克，雪菜50克，猪瘦肉丝80克，清高汤400毫升，蒜泥3克

调料

米油1大匙，蚝油1小匙，酱油1/4小匙，糖1/2小匙，胡椒粉1/4小匙，盐1/4小匙，水淀粉1小匙，色拉油1大匙

腌料

盐1/4小匙，淀粉1小匙

小知识

在杭州有这样一句口头禅："到杭州不吃奎元馆的面，等于没有游过杭州。"抗战名将蔡廷锴为奎元馆题词"东南独创"；梅兰芳、盖叫天、周璇、石辉等文艺界知名人士，都曾是奎元馆的常客。著名书画家程十发还为奎元馆题了"江南面王"的匾额。

奎元馆的面条制作讲究，有"坐面"的独门技法，每一碗面的出品都要经过十一道工序的复杂流程。奎元馆经营的面食品种达百种之多，最负盛名的还是虾爆鳝面。虾爆鳝面的面条柔滑不黏，有咬劲，鳝汁煮面，汤浓味鲜。虾爆鳝面的烹调也很讲究，要"素油爆、荤油炒、麻油浇"，虾白鳝脆，油润清香，回味无穷，是深受广大消费者喜爱的特色名面。

虾爆鳝面（浙江）

主料

精白潮面500克，去骨熟鳝鱼片500克，虾仁300克（10小碗）

调料

酱油、黄酒、味精、白砂糖各适量，猪油100毫升，色拉油500毫升，香油25毫升，小葱、姜各少许

做法

01 将经过多次轧制而成的面条，放入沸水中煮至七八成熟，捞出用冷水过凉，放入笊篱或漏勺中，沥去水即成面结。

02 虾仁洗净，加入淀粉、蛋清、味精、盐、料酒、水浆后放置片刻，在沸水中氽10秒钟左右，捞起待用。

03 将鳝鱼片切成6—8厘米左右长的段，洗净沥干。

04 炒锅置旺火上，下色拉油烧至八成热时，投入鳝片段炸至鳝鱼皮起小泡脆熟时，倒入漏勺沥去油。

05 炒锅置旺火上，下猪油少量，投入葱姜末煸香，放入鳝片，加酱油、酒、糖及少许肉汤约50毫升，烧入味后放味精盛起。

06 锅中放肉汤，置旺火上烧沸后撇去浮沫，加酱油、猪油，滗入鳝鱼卤汁，烧呈至汤浓时加味精，盛入碗中。

07 盖上鳝片，再将虾仁放在鳝片上，淋上香油即成。

小知识

鲜虾云吞面，是广州人喜爱的传统风味的小食之一。其做工精细，馅料丰富，爽口弹牙，内有猪肉、虾仁等，云吞面的汤十分讲究，采用猪骨、老鸡、虾皮和大地鱼煲制而成。

鲜虾云吞面（广东）

做法

01 提前熬制云吞汤底，将所有原料和调料放入锅中，加入1000毫升水，煲3小时备用。

02 青虾仁用干布吸干水分，猪肉切碎后连同所有调料搅拌均匀用云吞皮包制备用。

03 碱水面放入沸水中煮40秒捞起，过冷水10秒再放入沸水中煮10秒放入碗内备用。

04 云吞放入沸水中煮4分钟后捞起放在面上。

05 将熬好的云吞汤底倒入碗里。

06 最后在云吞面上撒入韭黄和葱花即可。

主料

碱水面，青虾仁100克，猪肉20克

调料

盐、鸡精、糖、花生油、麻油、生粉各1/4小匙

汤底原料：猪骨300克，老鸡300克，烤大地鱼20克，虾皮20克

汤底调料：罗汉果5克，陈皮5克，白胡椒3克

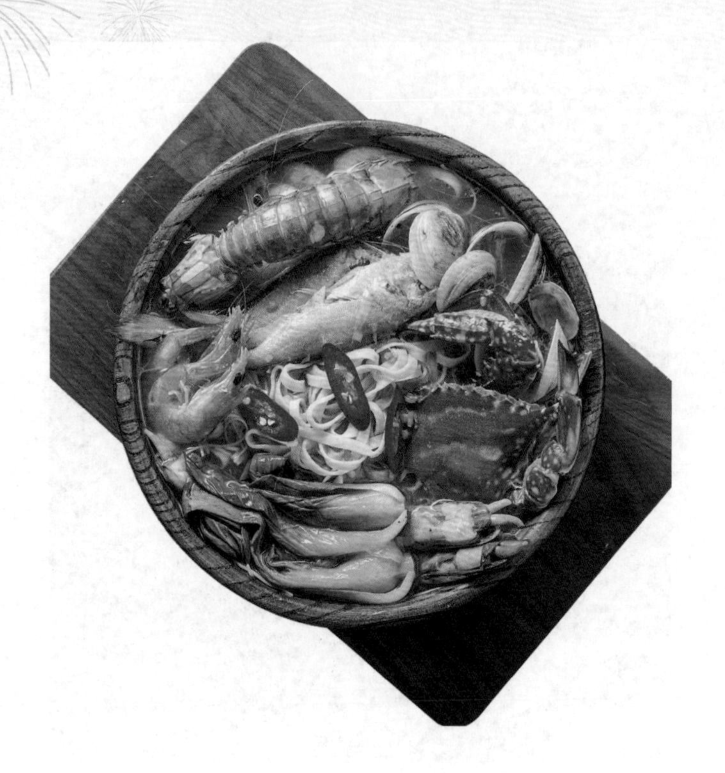

小知识

象山是全国闻名的水产之乡，象山海鲜素以味道鲜美而闻名。据不完全统计，象山县拥有海水鱼类约有 440 种，蟹虾 80 余种，贝类 120 余种，海藻类及其他海产品数十种，享有“海鲜王国”之美称。象山海鲜面将透骨新鲜的海鲜与传统面食相结合，海鲜天然的鲜味渗入汤汁，和汤汁原有的鲜香融为一体，可谓汤味、面味、海鲜味，味味地道，闻香、唇香、入口香，香到极至。

参考视频

象山海鲜面（浙江）

做法

01 放汤烧开，将备好的梭子蟹放入锅中略煮。
02 依次放入小白虾、蛏子、沙蛤微煮。
03 待蛏子、沙蛤开口后放入青菜和面条，调味略煮。
04 煮熟装碗。

主料

梭子蟹 1 只，小白虾 50 克，蛏子 100 克，沙蛤 100 克，青菜若干，面 150 克

调料

盐、酱油各适量

参考视频

雪花牛肉捞面（广东）

主料

牛骨 500 克，面 400 克，雪花牛肉 200 克，黄豆 150 克

调料

生姜 3 片，盐、料酒、牛油、生抽、黑胡椒粉、生抽、老抽、蚝油、生粉、葱花、香菜各适量

做法

01 熬浓鲜牛骨汤

A 牛骨洗净过水滤净备用。

B 用矿泉水下锅，放姜片、黄豆、料酒煮滚后，放入牛骨慢火熬 3 小时以上。

02 煎雪花牛肉

A 将雪花牛肉切成小块，用适当的生抽腌制牛肉约 3 分钟。

B 热锅约 250℃，关小火用牛油将牛肉煎至六分熟，下盐和黑胡椒粉，备用。

03 做雪花牛肉捞面

A 水滚后下面，煮熟捞起放入冰水后过滤装碟备用。

B 将雪花牛肉摆在面条碟子上。

C 将适量牛骨汤放入锅中煮开，放入生抽、老抽、生粉调好芡汁，淋在雪花牛肉和面条上。

D 最后在面条上撒上葱花和香菜即可。

小纪熬面是扬州市江都区一道特色面点，历史悠久，其色质鲜艳，配料丰富，风味独特。熬面的汤底更是精华所在，需要精心熬制好几个小时，故小纪熬面又被称为“时间炖煮的丰盛”。

小纪熬面（江苏）

做法

01 面条下清水锅煮熟，捞到凉开水里过清。

02 将鸡肉煨熟后撕成鸡丝，猪肝切片，猪腰切花，下油锅片刻捞起。

03 将虾子挤成仁，下油锅即捞起。鳝鱼丝下油锅炸脆，捞起放置待用。

04 小青菜开水烫熟，放置待用。

05 将处理后的鸡丝、猪肝、猪腰等用鸡汤下锅，加盐、味精煮 15 分钟，制成“高料”。

06 再将面条与高料同放一锅，略煮片刻后分装，盖上鳝鱼丝、精肉、小青菜、淡菜、笋片等，撒点胡椒粉、葱花即可。

主料

水面 150 克，猪腰 1 只，猪肝 10 克，鲜虾 20 克，鸡肉 20 克，鳝鱼丝 20 克，笋片 15 克，小青菜 15 克，淡菜 10 克，榨菜 10 克，精肉 30 克，咸肉 5 克

调料

葱花、洋葱、生姜、盐、味精、胡椒粉各适量

小知识

虾籽饺面是扬州市手工技艺类非物质文化遗产项目。在宽汤的面条中加入馄饨，扬州人称饺面。馄饨是猪肉馅，民间称“猪虎”，面条称“虬龙”。故又称“龙虎斗”。面是人工特制的刀切面，面皮薄，有韧性，断面毛糙有孔，易浸透调料。汤的配料非常考究，仅调料就有十多种，其中的胡椒粉、酱油均为特制，汤中所用的虾籽为湖虾籽，用时还将虾籽碾碎，以充分释放虾籽的鲜味。投入沸水，加上青蒜花。饺面熟制讲究宽汤窄面。面锅选深面锅，水量与面条之比为 10 ∶ 1。特点是馄饨饱满，肉馅鲜美，面条筋道爽滑，汤汁鲜醇微辛。

参考视频

虾籽饺面（江苏）

主料

肉糜 100 克，馄饨皮 50 克，刀切面 150 克，虾籽适量

调料

植物油 5 匙，生抽、老抽、猪油、芝麻油、白胡椒粉、葱、姜、蒜各适量

做法

01 放入肉糜、生姜、葱切末，加入生抽两勺，老抽半勺，料酒、盐、鸡精、油、胡椒粉各适量，分次加少量水，用筷子搅匀，搅拌上劲，腌制 15 分钟入味。

02 取馄饨皮一块，放少量调好的肉糜捏好。

03 锅里烧开水，虾籽入锅，馄饨放进去，锅滚后，放入面条一起煮，用筷子拨动，不让它们粘底。

04 准备一个面碗，放盐、鸡精、生抽、老抽各适量，挑一点猪油，放点胡椒粉，再加入煮面条的汤，让调味料融化。

05 待面条和馄饨煮好后，盛入碗里，滴一点芝麻油，拌匀。

牛肉板面经过不断改良，现在成为较符合徐州当地口味的、极具地方特色的代表性面食，其特点是：面条有嚼劲，辣椒香而不辣，牛肉香而不柴、肥而不腻。

参考视频

徐州牛肉板面（江苏）

做法

01 制作面条。高筋面粉、盐、鸡蛋按照比例和面，然后醒面 4 小时，制作成面条备用。

02 制作浇头。选用精炼牛油配以植物油烧至 100℃，放入各种香辛料，低温小火炸 2 小时左右，捞出，再放入桂皮、大料等。再炸 2 小时，然后放入葱姜蒜、辣椒和分割好的牛肉，低温炸 1.5 小时，然后将牛肉和料分开存放。将炒好的料子和牛肉加骨汤、盐、鸡精，煮 1 小时左右，此时浇头制作完成。

03 将制作好的面条放入沸水中煮熟，并配上青菜，浇上浇头即可。

主料

高筋面粉、鸡蛋、牛肉、牛油、植物油各适量

调料

盐、辣椒、葱姜蒜、香叶、桂皮、大料、中草香辛料各适量

小知识

南京人对老卤面有一种特殊的情怀，通常是挖一勺熬好的老卤放在碗里，然后兑面汤，再把面条挑进去放上浇头。老卤面最重要的就是卤子的味道，经过 4、5 个小时的精心熬制，才能够熬出超级美味的汤卤。除了底料老卤外，浇头的制作也很有讲究，种类多样，各有各的味道，以熏鱼老卤面为例，外酥里嫩，美味健康，融入了南京人对美食对生活的专注。

参考视频

熏鱼老卤面（江苏）

做法

01 将鱼切片，锅内放入适量油，放入切好的鱼，中小火煎至金黄。

02 换锅倒入食用油，放入八角、桂皮、姜片、葱结、冰糖、生抽、料酒、香醋、老抽、胡椒粉、盐、清水。

03 搅拌均匀，大火煮沸后，倒入切好的鱼块，转小火焖煮 40 分钟出锅。

04 清水烧开，面条入锅成熟后挑入装有老卤的碗中，兑入面汤，再扣上熏鱼一块。

主料

精制面条 170 克，鱼中段 200 克

调料

色拉油 20 毫升（实耗），料酒 1 匙，生抽 1 匙，八角、桂皮、冰糖、香醋、老抽、胡椒粉、盐、生姜、葱各少许

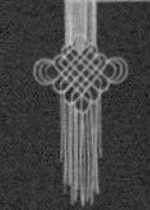

小知识

新疆拌面（又称“拉条子”）属菜面合一性食品，以面为主、以菜为辅、且菜可荤可素，口味也可随顾客口味而定，是新疆乃至全国各族群众都喜欢的一种大众面食。新疆拌面根据口味的不同分为羊肉拌面、过油肉拌面、碎肉拌面、牛肉拌面、鸡蛋拌面、酸菜拌面、鸡肉拌面、土豆丝拌面等许多的品种，但每道菜品中永远少不了的是红辣子、青辣子、西红柿、皮牙子（洋葱）。

新疆拌面（新疆）

做法

01 将面粉用清水加一点盐和成光滑的软面团，包保鲜膜醒 20 分钟。

02 羊肉洗净切片，蔬菜切大小类似的片。

03 热锅凉油先将羊肉滑变色，出锅沥油。

04 留底油下葱、姜爆香，下蔬菜翻炒，再放羊肉及调料入味即可。

06 将面盘成剂子，刷上油醒面。

07 锅做水烧开，将面拉成细面条，直接下锅煮熟并用筷子搅散。

08 将煮熟的面盛入凉水中过面后捞在盘子里，浇上炒好的菜即可。

主料

面粉 400 克，羊肉 50 克，洋葱半个，青椒 2 个，西红柿 1 个，白菜、豇豆各适量

调料

盐 5 克、花椒 3 克、鸡精 2 克、醋少许，葱、姜、蒜、花椒面各适量

小知识

西关饸饹是邢台市宁晋县的一道传统特色美食，其口味纯正，在当地口碑极佳，经历代传承创新，已成为邢台市宁晋县名吃之首。制作一碗美味可口的饸饹，从原料选购、加工，到盛到碗中，大约需要 30 余道工序 80 多个环节，每道工序每个环节都有其独特的工艺要求。独有的民间秘方和特别的制作工艺，形成了西关饸饹“面光滑有劲，汤味美鲜香，肉肥而不腻、瘦而不柴，劲道爽口、香色浓郁”的独特风味，吃在嘴里，美在心里，回味无穷。

参考视频

西关饸饹（河北）

做法

01 由荞麦面为主的几种面粉按特定的比例混合而成，和面要掌握一定的水温，把握好面的软硬程度，还要留下合适的醒面时间。

02 肉的选用和加工。全部选用猪的后臀肉，把握肉块切的大小，刀口的方向，焯肉的时间，卤肉的配料、投放顺序、火力大小、控制时间。

03 从饸饹床的漏窝里挤轧出的面条直接落在滚开的汤锅里，大锅宽汤，面条在锅里滚上两滚，顷刻就熟。

04 面煮熟后，筷子一挑，漏勺一磕，加肉码，浇卤汤，舀清汤，撒香菜。

主料

白面、荞面、卤猪肉、香菜各适量

调料

植物油、秘制料包各适量

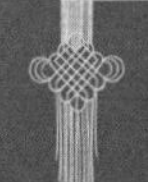

小知识

养生海带面是胶东半岛的一道特色美食，经过不断地改良、创新，与营养学知识结合，孕育出一道色、香、味俱佳的全新美食。精细的绿色面条配以色泽鲜明的配料给人以一种全新的视觉享受，结合鲜美的汤汁吃起来润滑爽口，鲜香无比，让人垂涎。

参考视频

养生海带面（山东）

做法

01 菠菜榨汁熬成绿色的汁液，木耳切丝，参花焯水备用。

02 面粉加入鸡蛋、海带粉、菠菜汁和成面团擀成薄饼，切成细丝。

03 面条放入沸水中，煮熟后捞出装入碗中。

04 加入焯好水的参花、木耳丝、枸杞，浇入调好味的汤汁即可。

主料

面粉 200 克，鸡蛋 100 克，菠菜汁 10 克，海带粉 5 克，参花 5 克，木耳丝、枸杞少许

调料

盐 5 克，味精 2 克

小知识

玉米面含有丰富的营养素，具有降血压、降血脂、抗动脉硬化、预防肠癌、美容养颜、延缓衰老等多种保健功效，是糖尿病人的适宜佳品。玉米拌面颜色金黄、口感顺滑、筋道，有淡淡的玉米清香。

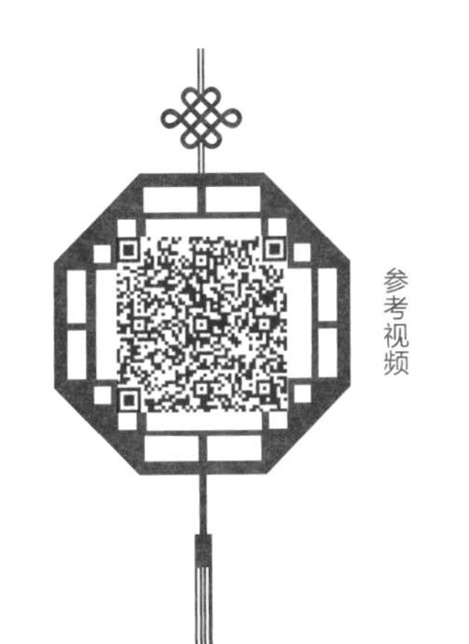

玉米面（新疆）

做法

01 将开水倒入玉米面中，揉均匀，冷却备用。

02 将200克面粉、3克食盐、5克食醋放入玉米面中，并打入1个鸡蛋，揉匀成团（面团稍硬）。

03 起锅烧油，油热后放入羊肉爆炒，变色后加入生姜、食盐，稍作翻炒，相继放入大蒜、大葱、洋葱，同时放入辣椒酱、番茄酱，翻炒后加入土豆、豇豆、西红柿、白菜、青（红）辣椒、大蒜，反复翻炒炒熟。

04 将玉米面团擀薄，切成面条放入沸水中煮至熟捞出。

05 将拌面菜浇盖在玉米面条上，拌匀即可食用。

主料

玉米面200克，面粉100克，豇豆30克，青（红）辣椒30克，白菜30克，西红柿30克，羊肉50克，蒜瓣1个，土豆30克，大葱10克，洋葱10克，植物油3大匙，鸡蛋1个

调料

食醋、食盐、生姜、辣椒酱、番茄酱各适量

小知识

羊肉鲜嫩，营养价值高。李时珍在《本草纲目》中说："羊肉能暖中补虚，补中益气，开胃健身，益肾气，养胆明目，治虚劳寒冷，五劳七伤。"

羊肉炒面

主料

鸡蛋面170克，羊肉片150克，空心菜50克

调料

沙茶酱、蚝油各2大匙，酱油膏1/2大匙，盐、白糖各少许，鸡精1/4小匙，米酒1大匙，姜末、蒜末、红辣椒丝各5克，食用油适量

做法

01 煮一锅沸水，将鸡蛋面放入煮约1分钟后捞起，冲冷水至凉后捞起，沥干备用；空心菜洗净切段备用。

02 热锅，倒入食用油烧热，放入姜末、蒜末和红辣椒丝爆香后，加入羊肉片炒至变色，再加入沙茶酱炒匀后盛盘。

03 热油锅，放入空心菜段大火炒至微软后，加入沥干的鸡蛋面、炒过的羊肉片和其余调料一起拌炒入味即可。

小知识

面片，在山西称为揪片、在甘肃、陕西、宁夏称为揪面，在青海称为尕面片，是以麦粉为主料制作的食物，是西北地区群众喜爱的一种面食。做法简单易行，可以不用工具。一般是先将调揉好的面，切成短条，待锅里的蔬菜、肉等煮好后，两手将短条面压开，拉长，一手拿面条，一手揪为方块形下到锅里煮熟即可。

羊肉炒面片

做法

01 中筋面粉加少许盐、40 毫升水揉匀成光滑的面团，静置 20 分钟醒发后揪成小片，入沸水锅煮熟捞起，泡入冷水后沥干备用。

02 上海青洗净切小段备用。

03 热油锅放入蒜末及辣椒酱以小火炒香，转中火，放入羊肉片快炒数下，再放入煮熟的面片及高汤、酱油、陈醋、盐、鸡精、白糖以大火炒至汤汁收干，加入上海青段和葱花略炒后盛起，撒上花椒粉即可。

主料

羊肉片 100 克，上海青 60 克，蒜末 2 小匙，中筋面粉 100 克，葱花、食用油各适量，水 40 毫升

调料

辣椒酱、陈醋各 2 小匙，花椒粉、盐各少许，高汤 130 毫升，酱油 1 大匙，鸡精、白糖各 1 小匙

羊肉鸡蛋面

做法

01 将羊肉去筋膜，洗净，切成细丝，入沸水中稍氽，捞出。蘑菇洗净，切片。

02 净锅置火上，加香油烧热，打入鸡蛋略煎后，盛入盘内。

03 原锅加适量水，放入羊肉丝、面条、蘑菇片及姜片，待熟时再加入煎好的鸡蛋、盐、醋、胡椒粉，煮熟即成。

主料

面条、羊肉各 50 克，鸡蛋 1 个，蘑菇适量

调料

香油、姜片、盐、胡椒粉、醋各适量

小知识

羊肉有绵羊肉与山羊肉之分。从口感上说，绵羊肉比山羊肉更好吃，这是由于绵羊肉比山羊肉脂肪含量更高，吃起来更加细腻可口。不过，从营养成分来说，山羊肉并不低于绵羊肉。山羊肉的胆固醇含量比绵羊肉低，可以起到防止血管硬化以及心脏病的作用。

羊肉面

主料

面粉 300 克，羊肉 75 克，香菇、蒜苗各 20 克

调料

盐、香油、辣椒油、甜面酱、香菜末、葱姜末、花生油各适量

做法

01 面粉加水和成面团，用擀面杖擀成薄面片，切成面条，煮熟，捞入碗中。

02 羊肉洗净，煮熟，捞出切丁。

03 香菇泡发洗净，切丁。蒜苗洗净，切末。

04 起油锅，下入葱姜末炝锅，加羊肉丁、香菇丁、蒜苗末稍炒，放入盐、香油、辣椒油、甜面酱和适量水炒成羊肉料汁，浇在面条上，撒香菜末即成。

旧时上海最大众化的面点之一，原称“清汤光面”。后因商贾人等忌讳“清”“光”等不吉利字眼，有好事者取古乐曲名《阳春白雪》的“阳春”二字，改其名为“阳春面”。此面制法简单，在酱麻汤碗里盛上滚烫雪白的面条，缀上碧绿的点点葱花即成。上海开埠后，许多面馆对阳春面的汤加以改进，用肉骨头熬制，也有增加鳝鱼骨同煮的，汤浓味鲜。多年来，价廉物美的阳春面一直为人们所喜爱。

参考视频

阳春面（江苏）

做法

01 面粉加水和成面团。芝麻炒熟，碾成粉末，加盐拌匀，成芝麻盐，备用。

02 粗阳春面放入沸水中搅散后等水开煮约 1 分钟，再放入小白菜段汆烫一下马上捞出，沥干水分放入碗中。

03 把高汤煮开，加入所有调料拌匀，放入面碗中，再放入葱花、油葱酥即可。

主料

粗阳春面 150 克，小白菜 35 克，葱花、油葱酥各适量，高汤 350 毫升

调料

盐 1/4 小匙，鸡精少许

汤

主料

花椒10颗，番茄2个，鸡蛋2个，水发木耳2朵，香葱段、姜各适量，盐1/2小匙，鸡精1/2小匙，醋1.5大匙，白胡椒粉1/8小匙，清水500毫升

做法

01 木耳撕成小朵，生姜切片，番茄切块，香葱切段，鸡蛋打散成蛋液。

02 炒锅放油烧热，加入香葱、生姜、番茄，炒至番茄软烂。

03 加入清水500毫升，放入黑木耳、花椒、盐、醋煮开。

04 淋鸡蛋液，撒胡椒粉，熄火。取一些蒜油放入汤内，捞入煮好的面条和青菜即可食用。

杨凌蘸水面（陕西）

面条

主料

饺子面粉300克，清水140毫升，盐1/2小匙，青菜2棵

做法

01 将盐加清水溶化，倒入面粉中。用筷子搅拌成雪花状，用手和成面团。和好的面团应表面光滑，软硬度如饺子皮。

02 将面团搓成长条状，均匀地切成小段。在面团的两头抹上油，放在盘子上，表面盖上保鲜膜，松弛20分钟。

03 烧开一锅水。把面团擀扁，用两手各拽面团一头，将面条拉长、拉薄。

04 拉一根面条就往开水锅里放一根，水开后往锅里加一碗冷水。加入青菜煮熟即可。

蒜油

做法

01 大蒜剁碎，加入辣椒面、盐拌匀。

02 锅内烧热2大匙油，趁热淋在碗内。

03 搅拌均匀即为蒜油。

主料

大蒜10瓣，辣椒面1小匙，盐1/2小匙，植物油2大匙

洋葱羊肉面

做法

01 羊肉切片，加绍酒、酱油、胡椒粉、湿淀粉腌制10分钟。洋葱去老皮，洗净切丝。

02 汤锅内加清水烧沸，下入宽面条煮8分钟至熟，捞入碗中。

03 炒锅置火上，加油烧热，放入羊肉片煸炒至七成熟，下入洋葱略炒，烹入绍酒，加入鲜汤，用醋、白糖、盐、红油调味，待汤沸时离火，倒入面碗中，撒上葱花即可。

主料

宽面条300克，羊外脊肉100克，洋葱50克

调料

酱油、绍酒、醋、白糖、盐、葱花、红油、胡椒粉、湿淀粉、鲜汤、植物油各适量

小知识

枸杞这个名称始见于中国两千多年前的《诗经》。枸杞的果实称枸杞子，枸杞子被卫生部列为“药食两用”品种，枸杞子可以加工成各种食品、饮料、保健酒、保健品等。在煲汤或者煮粥的时候也经常加入枸杞子。

腰果枸杞酱凉面

做法

01 腰果洗净，泡热水中约15分钟，取出放入150℃的烤箱中烤约20分钟，取出待凉备用。

02 将枸杞子泡凉开水约10分钟后，沥干切碎备用。

03 将腰果放入食物调理机中，倒入20毫升凉开水搅打呈泥状备用。

04 取一碗，先将花生酱加20毫升的凉开水调开，加入腰果泥和所有调味料，再加入碎枸杞搅拌均匀，即为腰果枸杞子酱。

05 食用前直接将腰果枸杞酱淋在熟面上，再加上个人喜爱的配料即可。

主料

熟面200克，腰果80克，枸杞20克，花生酱20克，凉开水40毫升

调料

盐1/2小匙，糖1大匙，白醋1大匙

小知识

药炖排骨面是以药补汤头、排骨与面条制成的面食。药炖排骨是普及于台湾市集贩售的冬天猪肉进补制品，食用历史悠久，是台湾特有的肉骨茶，取猪肋排骨瘦肉块熬煮而成。

药炖排骨面

做法

01 药补汤头加盐调味后，煮沸熄火备用。

02 面条及洗净的青菜煮熟捞起，放入碗中。

03 将药补汤头中已炖烂的猪排骨置于面上，倒入煮过的汤头即可。

主料

面条 150 克，药补汤头 500 毫升，排骨 200 克，青菜适量

调料

盐 1/2 小匙

小知识

药膳发源于我国传统的饮食和中医食疗文化，药膳是在中医学、烹饪学和营养学理论指导下，严格按药膳配方，将中药与某些具有药用价值的食物相配，采用我国独特的饮食烹调技术和现代科学方法制作而成的具有一定色、香、味、形的美味食品。它“寓医于食”，药借食力，食助药威，二者相辅相成，相得益彰；既具有较高的营养价值，又可防病治病、保健强身。

药膳牛肉面

主料

宽面 150 克，药膳牛肉汤 500 毫升，小白菜适量

做法

01 将宽面放入沸水中煮约 4、5 分钟，其间以筷子略微搅动数下，即捞出沥干备用。

02 小白菜洗净后切段，放入沸水中略烫约 1 分钟，再捞起沥干备用。

03 取一碗，将煮熟的宽面放入碗中，再倒入药膳牛肉汤，加入汤中的牛肋条块，放上烫过的小白菜段即可。

小知识

柴鱼是鳕鱼的干燥制品，由于外形像一根柴条，所以被广东人称为“柴鱼”。它有健脾胃、益阴血之功。广东人常用来煲汤和煲粥。

鱼酥羹面

做法

01 香菇洗净泡软切丝；干黄花菜洗净泡软去蒂，与香菇丝和笋丝一起放入沸水中汆烫至熟，捞起放入盛有高汤的锅中以中大火煮沸，加入盐、白糖、柴鱼片、油蒜酥续以中大火煮沸。

02 将淀粉和水调匀，一边搅拌一边淋入锅中，待再次煮沸后盛入碗中，并趁热加入鱼酥和香菜叶即为羹汤。

03 将油面汆烫熟，加入羹汤即可。

主料

油面 150 克，鱼酥 10 片，香菇 3 朵，笋丝 50 克，干黄花菜 10 克，柴鱼片 8 克，油蒜酥 10 克，高汤 200 毫升，香菜叶少许，水 75 毫升

调料

盐、白糖各 1 小匙，淀粉 50 克

虾味鱼汤

主料

咸鱼 100 克，虾壳 300 克，洋葱 1/2 个，水 1500 毫升，色拉油 50 毫升

做法

热锅，倒入 50 毫升的色拉油，放入咸鱼以中火炸酥脆，再放入虾壳煸炒约 10 分钟，加入其余材料以大火熬煮约30分钟，再过滤即可。

鱼饼汤面

做法

01 将面、青菜煮熟捞起，置于碗中备用。

02 鱼饼以中火炸至金黄色，捞起沥干、切片备用。

03 将虾味鱼汤以中火煮开，放入鹌鹑蛋和调味料调味后盛入面碗中，再放上炸好的鱼饼即可。

主料

面 150 克，青菜适量，鱼饼 6 片，虾味鱼汤 500 毫升，鹌鹑蛋 1 个

调料

盐 1/4 小匙，胡椒粉少许，香油少许

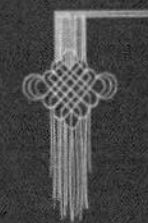

纤纤挂面幽幽香

中江挂面制作工艺传承人陈远金准备将面条进行定条和干燥工序（2010 年 5 月 4 日摄）。

中江挂面是四川省中江县的特产之一，起源于宋代，至今已有 1000 多年的历史，是中外驰名的特产食品。中江挂面细如发丝，味甘色白，柔嫩可口，风味独特，深受人们欢迎，是面食中一朵“奇葩”。

2010 年，中江挂面的制作工艺被列入四川省非物质文化遗产名录，为了更好地传承和保护这项传统手艺，当地政府制定了严格的工艺流程标准，同时在培育新人和资金上给予大力支持。

新华社记者　江宏景 / 摄

鲜鱼清汤

主料

虱目鱼 1 条，姜丝 50 克，米酒 10 毫升，水 1000 毫升

做法

将水煮沸，放入切块的虱目鱼及其他材料，以中火煮约 20 分钟即可。

鱼丸汤面

做法

01 将面、青菜煮熟放入碗内备用。

02 鲜鱼清汤加入鱼丸、调味料，以中火煮 3 分钟至滚沸，倒入面碗里即可。

主料

拉面 150 克，青菜少许，鲜鱼清汤 500 毫升，鱼丸 4 个

调料

盐 1/2 小匙，酒少许，胡椒粉少许，香油少许

小知识

蛤蜊的营养特点是高蛋白、高微量元素、高铁、高钙、少脂肪。蛤蜊中的营养物质丰富，而且它的氨基酸种类组成及其配比较为合理，能很好地被人体吸收消化。

原味清汤蚌面

做法

01 蛤蜊洗净加入冷水和少许盐（分量外）拌匀，静置使其吐沙，约2小时后，重复上述做法，约2小时后洗净蛤蜊，沥干备用。

02 锅中加适量水煮沸，放入洗净的蛤蜊，盖上锅盖以中火煮至蛤蜊张开，锅内的水保留即为蛤蜊水，和蛤蜊一起盛出。

03 将高汤煮沸加入盐调匀，倒入面碗中。

04 备一锅沸水，依序将拉面及小白菜煮熟捞起，放入盛有高汤的面碗中，再放入蛤蜊和蛤蜊水即可。

主料

拉面150克，高汤400毫升，蛤蜊200克，小白菜50克

调料

盐1/2小匙

小知识

臊子面易于消化吸收，有改善贫血、增强免疫力、平衡营养吸收等功效。臊子面含有丰富的碳水化合物，能提供足够的能量，而且在煮的过程中会吸收大量的水，100 克臊子面煮熟后会变成 400 克左右，因此能产生较强的饱腹感。

云南臊子面

做法

01 西红柿洗净切丁备用。

02 起油锅，依序加入猪肉末、豆豉、洋葱丁、香菇丁炒熟，再放入西红柿丁炒软，倒入高汤煮开即为酱汤，转小火。

03 另烧一锅水将鸡蛋面煮熟，沥干摆入碗中，加入酱汤，撒上葱花即可。

主料

鸡蛋面 100 克，猪肉末 30 克，西红柿 2 个，洋葱丁 2 大匙，香菇丁 2 大匙，高汤 250 毫升，葱花 1 大匙，食用油适量

调料

豆豉 1 大匙

小知识

焖面是传统面食（汤面）的革新性产品，其加工工艺就是焖，从烹饪技术来讲，焖出来的面，不会因在水煮制过程中破坏面粉的蛋白质分子网状结构，蔬菜中的养分和水分流失最少，所以焖面更加营养，口感更好。

芸豆排骨焖面

做法

01 芸豆洗净掰成段待用，猪肋排洗净控水待用。

02 油锅烧热，加入排骨炒至颜色发白；加入料酒、老抽、蚝油炒上色，加少许水，中小火炖至水干，加入芸豆翻炒均匀。

03 加水烧开后，中火盖锅盖焖 10 分钟；加入手擀面继续盖锅盖中小火焖 5 分钟。

04 开盖用筷子挑动面条片刻，继续盖锅盖小火焖 3—5 分钟，待汤汁收浓后关火即可。

主料

芸豆 250 克，猪肋排 280 克，食用油 30 克，手擀面 350 克，水 500 毫升

调料

老抽 10 克，蚝油 25 克，料酒 20 克

小知识

芸豆是补钙冠军。每100克带皮芸豆含钙达349毫克，是黄豆的近两倍。其蛋白质含量高于鸡肉，铁含量是鸡肉的4倍，B族维生素也高于鸡肉。芸豆富含膳食纤维，其钾含量比红豆还高。因此，夏天吃芸豆能很好地补充矿物质。食用芸豆必须煮熟煮透，可以斜切使其截面变大，缩短制熟入味的时间，也可以加水焖炒，确保炒熟。

芸豆肉丁拌面

做法

01 芸豆斜切成小段。

02 猪肉切丁后用料酒、胡椒粉、干淀粉拌匀，腌制3分钟。

03 葱切末，蒜和姜切片。

04 锅烧热，加少许油烧至五成热，爆香葱、姜、蒜。

05 放入肉丁滑炒至变色。

06 放入芸豆略炒。

07 加老抽、盐、白糖炒匀，再加少许清水，加盖焖2分钟，加鸡精调匀。

08 面条放入开水锅中煮熟，捞入碗中，放入炒好的芸豆肉丁，撒入葱末和红椒圈即可。

主料

鲜面条300克，猪肉120克，芸豆250克

调料

盐3/2小匙，白糖1小匙，老抽1小匙，料酒1小匙，干淀粉1小匙，胡椒粉1/2小匙，鸡精1/2小匙，葱、姜、蒜、红尖椒圈、植物油各适量

小知识

耀州刀剺面的食材以当地产的优质小麦面粉为原料，从和面、醒面、擀面、剺面，每一道工序都十分讲究，剺好的面，薄如纸，细如丝。剺完面后，下锅煮熟盛到具有耀州特色的粗瓷老碗里，雪白的面条浇上用时令蔬菜做的臊子，满眼的红黄绿白，深受百姓喜爱，常见于寻常百姓家、酒店、农家乐。

耀州刀剺面（陕西）

做法

01 先将臊子用料切成小丁备用，锅中倒入菜油烧热，放入辣子面炝香，再放入豆腐丁，煎至两面金黄，再倒入其他配料，下入调料翻炒入味再加入高汤后盛出即可。

02 将剺好的面条放入沸水中，煮3分钟后捞出，用冷开水冲凉面条放入碗中，浇上臊子，一碗美味可口的刀剺面就制作完成。

主料

家用面粉500克，鸡蛋1个，食用碱面、豆腐、胡萝卜、香菇、黄花、豆角、生姜、葱、韭菜各适量

调料

盐、味精、鸡精、十三香、生抽、老抽、辣子面（辣子面根据自己的口味放入）各适量

小知识

伊面又称伊府面，是一种油炸的鸡蛋面，为中国著名面食之一。相传清朝年间，曾任惠州知府及扬州太守的著名书法家，宁化人伊秉绶喜欢与文人宴游唱和。他的府上常常宾客盈门，往往是一席又一席，家中厨师深感应接不暇。为此，伊秉绶动脑筋想了一个办法。他让人将面粉和鸡蛋掺水和匀，擀成面条，卷曲成团，晾干后下油锅炸至金黄色存放起来。来客时只须取面团放入碗中，用开水一冲，再加入配料，便成了一碗香味扑鼻、柔滑可口的面条，用来招待零星来客，极为方便。此法一经传出，人们便纷纷仿效，并将这种由伊秉绶发明的方便面称为“伊面”。

客家祖地宁化的伊府面，与之相比可谓异曲同工，毫不逊色。伊面与现代的方便面有相似之处，所以又被喻为方便面的鼻祖。伊面制作讲究，色型好，质松而不散，浮而不实，吃起来爽滑甘美。宁化客家人至今祝寿时也要吃这种伊面。

参考视频

伊府面（福建）

做法

01 将洗净的瘦肉、香菇、胡萝卜、鱿鱼干切成丝，葱切成段，再将切好的肉丝上浆待用。

02 油锅烧热，将上好浆的肉丝炒至呈白色时起锅，留余油放入葱段、鱿鱼丝炒香，再将胡萝卜、香菇丝和滑过油的肉丝下锅，调入精盐、料酒等调料，炒熟入味后起锅待用。

03 将烧沸的高汤调好味装碗里，湿面放入开水锅中烫熟，捞起放入高汤碗中，再将炒熟的馅料盖在面上，撒上熟芝麻，滴上几滴香油调好味即可。

主料

湿面 300 克，高汤 600 毫升，猪瘦肉 60 克，香菇 20 克，胡萝卜 30 克，鱿鱼干 30 克

调料

精盐 8 克，料酒 20 克，葱 30 克，姜 8 克，蒜 5 克，香油 15 克，地瓜粉 15 克，熟芝麻 5 克

小知识

四川省巴中市通江县，素有“银耳之乡”的美誉。为扩大面条的特色和营养，在面粉里添加不同风味的辅料，成了面条市场上的新宠。一碗色、香、味俱全的银耳面条，营养丰富，余味绵长。丝丝缕缕皆是情，诉说着耳乡的悠久历史，传递着耳乡人的热情好客！

银耳挂面（四川）

主料

猪五花肉 50 克，黄酱 30 克，银耳 50 克，韭菜 30 克，鸡蛋 1 个，西红柿 1 个，银耳面条 150 克，黄瓜 50 克，胡萝卜 30 克，小白菜 20 克

调料

食用油、精盐、鸡精、白糖、芝麻、葱花、姜末、生抽、黄酱、料酒、啤酒适量

做法

01 熬制银耳汤。先选取银耳，加水煮沸、过滤，制备银耳汤。

02 制作面条。选取银耳和蔬菜洗净、烘干、粉碎，制备银耳粉和蔬菜粉；接着和面，将蜂蜜和自制银耳汤混合均匀，逐次加入，多次搅拌，揉和成面团；将面团静置发酵，最后压制、晾干成面条。

03 制作炒酱。把猪肉切成小丁，银耳泡发后撕成小片，西红柿切小块，葱切花，姜切丝，黄酱用啤酒调稀，黄瓜、胡萝卜切丝备用。中火煸炒五花肉丁，放入银耳、葱、姜，炒出香味后倒入调好的黄酱和特细的姜末，加少许料酒、适量生抽、加点白糖、葱末、香油、料酒，翻炒均匀后起锅。

04 配菜焯水、下面条。烧水时，把黄瓜切成丝，葱、韭菜切成小段备用；水开后面条下锅，煮 4 分钟捞起来装盘，加入自制杂酱、黄瓜、葱、韭菜，还可根据个人口味加入辣椒、香菜等。

20 世纪 50 年代，香港街头涌现了流动摊贩，最多的便是搭起车仔面档摆卖咖喱鱼蛋和车仔面一类熟食。贩卖车仔面的木头车中放置金属造的“煮食格”，分别装有汤汁、面条和配料，顾客可自由选择面条、配料和汤汁，通常十多块钱就可饱吃一顿。

参考视频

鱼蛋车仔面

做法

01 把车仔面放在滚水中煮 1 分钟捞起，放进 250 毫升高汤。

02 咖喱粉放进高汤中调开，再把鱼蛋放进高汤中煮 3 分钟。

03 把咖喱鱼蛋放进车仔面中，加少许咖喱汁，撒上葱花。

主料

车仔面 220 克，鱼蛋 100 克，高汤 250 毫升

调料

咖喱酱、葱花各适量

小知识

一百家子拨御面是河北隆化的一道特色美食，其食材选用的是经过反复提纯加工制出的白荞面，配上野生榛蘑、老鸡汤调制出的卤汁，吃起来润滑爽口、滋味鲜香无比，更是让人垂涎。据考证，乾隆二十七年重阳节（1762 年），乾隆皇帝赴木兰围场狩猎驻跸张三营行宫，品尝当地拨面师姜家兄弟的拨面后，龙心大悦，喻赞此面“洁白如玉，赛雪欺霜”，并御封为“一百家子拨御面”。

一百家子拨御面（河北）

做法

01 葱姜切段备用，五花肉切丁榛蘑切碎。

02 热锅倒入食用油，五花肉下锅炒熟，放入切好的葱姜榛蘑，炒香放入老鸡汤汁熬制卤汁。

03 锅内烧开水，把白荞面按热水凉水 3∶7 比例和好面团，拨出面来，煮熟后捞出装碗。

04 浇上卤汁，拌匀即可食用。

主料

白荞面 160 克，葱、姜各 10 克，五花肉 100 克、野生榛蘑 60 克

调料

植物油 100 克、酱油 2 匙

小知识

“一根面”也叫“长寿面”，是山西著名的面食，也是山西人过生日必定要吃的美食。其特色在于一碗只有一根面，一锅也只有一根面。面条顺溜滑爽、柔韧弹牙、越嚼越有嚼头。一根面的精髓在于吃的是面条本身的味道而不是调料的味道，即使不加调和（面卤），味道也是鲜美无比！一根面的吃法也很讲究：必须夹住一根长面从头吃到尾，如果大口大口的往嘴里塞，是绝对品不出味道的。

参考视频

一根面（山西）

主料

面粉、水、蛋清、盐各适量

调料

西红柿鸡蛋卤、小炒肉卤、三鲜卤

做法

01 把主料中所有的材料加工成面团，醒30分钟左右备用。

02 采用抻面技法将和好的面团加工成具有一定延伸性的面团，然后用手搓成直径约8毫米的长条。搓好后码摆在盘中，涮上适量的油，醒1—2小时，即可进行加工。

03 一手抓面条，一手轻轻将其拉长，并用手来回滚动面条，使其更圆润光滑。

04 将拉好的面条直接下入沸水锅中煮熟。

05 根据个人口味浇上适量卤。

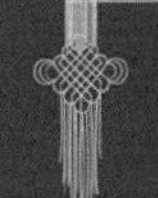

小知识

莜面栲栳栳是山西高寒地区著名的传统面食小吃，属于晋菜。“栲栳栳”是用莜面精工细作的一种面食因其形状像“笆斗”，民间叫“栳栳”。莜面栲栳栳是山西十大面食之一。它工艺讲究，成形美观，口感劲道，加上“羊肉臊子台蘑汤，一家吃着十家香”，便成了地地道道的美食。

莜面栲栳栳（山西）

主料

莜面500克，水500毫升，肥瘦羊肉500克

调料

食油50克，花椒水100克，干辣椒5个，酱油50克，精盐15克，葱、姜、胡椒粉、香菜、桂皮各少许

做法

01 将莜面倒入盆内，锅上火将水烧开后泼在莜面上进行烫面，然后用小擀面杖搅匀，双手蘸凉水趁热揉光。

02 右手掐一块约10克左右的小剂子（随做随揪），放在特制的石板案上（汉白玉或大理石、青红石均可），用右手掌按住剂子向前推（外手掌要用力大点，里手掌用力小点），推成长约10厘米、宽5厘米、形如牛舌的薄面皮。

03 用右手食指将面皮搭起，卷成中间空的小卷竖立在笼里，依次将所有的面推完，竖直摆在笼内，急火蒸8—10分钟即成。

04 将羊肉剁成粒，炒锅放素油烧热，放花椒、桂皮炸出香捞出备用，投入姜、葱末，煸出香味，放入肉末炒至八成熟，投入酱油、精盐、辣椒末、鲜汤和胡椒粉，改小火煨至羊肉酥烂即成浇头。

05 将栳栳盛在碗里，浇入卤汁撒上香菜末即可食用。

小知识

鱼丸又称“鱼包肉”“水丸”，古时称“汆鱼丸”，是用鳗鱼、鲨鱼或者淡水鱼剁蓉，加甘薯粉（淀粉）搅拌均匀，再包以猪瘦肉或虾等馅制成的丸状食物，因为它味道鲜美，多吃不腻，可作点心配料，又可作汤，是沿海人家不可少的海味佳肴。

鱼丸炒面

做法

01 将鱼丸从中间切开，一分为二。油菜择洗干净，从中间切开备用。

02 平底锅中放入色拉油，待油热后放入洋葱、姜、蒜和辣椒段，大火煸炒出香味，放入鱼丸和油菜，略炒1分钟，放入蚝油继续煸炒。

03 待鱼丸成熟后放入油面及少许盐、鱼露调味。

04 快速翻炒使所有食材混合均匀即可食用。

主料

油面200克，鱼丸150克，油菜2棵，洋葱条50克

调料

大蒜碎15克，姜末15克，小辣椒段30克，鱼露、盐、蚝油各适量，色拉油15毫升

炸酱拌面

做法

01 香菜切段，黄瓜、胡萝卜、泡菜切丝，熟鸡蛋对半切开。

02 锅内加水大火烧开，放入鲜面条煮熟。

03 捞入盘中，用少许香油拌匀。

04 面条上分别放入香菜段、黄瓜丝、胡萝卜丝、泡菜丝。

05 放上半个熟鸡蛋，再淋入炸肉酱，拌匀即可。

主料

鲜面条 140 克，熟鸡蛋 1 个，香菜、黄瓜、胡萝卜、泡菜各适量

炸肉酱 2 大匙，香油适量

小知识

猪肚即猪胃，是猪的内脏器官，有特殊的味道，烹饪前的清洗是很重要的工序。处理时，可将猪肚用清水洗几次，然后放进水快开的锅里，经常翻动，不等水开就把猪肚取出，将猪肚两面的污物去除即可。

榨菜肚丝面

做法

01 猪肚洗净，切丝。

02 榨菜切丝，放入清水中浸泡 20 分钟，除去咸味。

03 锅内加花生油烧热，下入肚丝、榨菜丝稍炒，调入盐、胡椒粉，烹入生抽，炒熟盛出。

04 净锅中倒入高汤烧沸，下入面条煮熟，将面条与汤一同倒入碗内，加入炒好的榨菜肚丝，淋入香油，撒上葱花即可。

主料

面条 250 克，猪肚 100 克，榨菜 30 克

调料

盐、生抽、胡椒粉、香油、高汤、花生油、葱花各适量

榨菜肉酱面

做法

01 将猪肉泥炒香，再加入调料A，依序加入调味料B、淡榨菜末，煮至水分略微收干。

02 将面条煮熟后沥干盛入盘中，食用前再拌入做法1的肉酱即可。

备注：拌面食用时可拌入适量香油、葱花增添风味。

主料

猪肉泥300克，淡榨菜末1/2杯，小黄瓜末4大匙，面条适量，水1.5杯

调料

A 蒜泥1/2杯，市售海鲜酱1/2杯

B 米酒1大匙，糖1大匙，蚝油3大匙，白胡椒粉1/2小匙，盐1/2小匙

榨菜肉丝干面

做法

01 猪瘦肉洗净切丝；榨菜洗净切丝，备用。

02 热锅加入食用油，爆香蒜末、红辣椒末，放入猪瘦肉丝，炒至肉变色，续放入葱末、榨菜丝略拌炒；接着放入所有调料和100毫升水炒至微干入味，即为榨菜肉丝料。

03 粗阳春面放入沸水锅中拌散，煮约2分钟后捞起沥干，盛入碗中，加入适量榨菜肉丝料，并撒上少许花生碎增味即可。

主料

粗阳春面100克，猪瘦肉、榨菜各100克，蒜末5克，红辣椒末、葱末各10克，花生碎、食用油各适量，水100毫升

调料

生抽1/2小匙，盐、白糖、胡椒粉、鸡精各少许

小知识

榨菜肉丝面是一种咸香口味的传统面食小吃，流行于江南地区。主要由瘦肉、榨菜、葱和酌量的拉面制作完成。榨菜有老榨菜和嫩榨菜两种，老榨菜较咸较香，所以要泡过水再炒，嫩榨菜比较不咸，洗净直接放入同炒即可，但都不宜再调味，以免太咸。

榨菜肉丝面

做法

01 热锅加油，爆香红辣椒圈、榨菜丝、蒜末，放入猪瘦肉丝及少许盐、白糖、米酒、香油、100毫升高汤炒至汤汁收干。

02 加入剩余盐、鸡精及高汤煮至沸腾，即为榨菜肉丝汤头。

03 将细阳春面放入沸水中氽烫约1分钟，捞起沥干放入碗中，加入适量榨菜肉丝汤头，撒上葱花即可。

主料

细阳春面100克，葱花适量，榨菜丝250克，猪瘦肉丝150克，蒜末1大匙，红辣椒圈5克，食用油适量，大骨高汤1100毫升

调料

盐1/2小匙，白糖、鸡精各1小匙，米酒1大匙，香油适量

正油高汤

主料

猪大骨200克，猪蹄大骨100克，鸡骨架100克，鸡爪100克，洋葱50克，葱50克，圆白菜30克，胡萝卜30克，蒜20克，盐5克

做法

01 将猪大骨、猪蹄大骨、鸡骨架、鸡爪洗净，放入沸水中汆烫去血水，捞出洗净后备用。

02 将洋葱、葱、圆白菜、胡萝卜、蒜洗净，切大块备用。

03 将洗净切好的所有材料放大锅中，再加入适量水和盐以中火煮3—4小时即可。

正油拉面

做法

01 将拉面放入沸水中煮熟，捞起沥干，放入碗中。

02 加入正油高汤，再加上烫过的鲜虾、笋干、玉米粒、鱼板。

03 食用前加上海苔片及奶酪片、葱花即可。

主料

拉面100克，正油高汤600毫升，鲜虾2只，笋干、玉米粒、葱花各适量，鱼板、海苔片、奶酪片各2片

调料

绍兴酒1/2小匙，盐少许，胡椒粉少许

小知识

蒸，一种看似简单的烹法，令都市人在吃过了花样百出的菜肴后，对原始而美味的蒸菜念念不忘。翻阅资料发现，中国饮馔，技艺精湛，源远流长。烹饪方法有煮、蒸、烤、焖、烧、炸、炒、烩、炖等。世界上最早使用蒸汽烹饪的国家就是中国，并贯穿了整个中国农耕文明。我们的祖先从水煮食物的原理中发现了蒸汽可把食物蒸熟。

参考视频

蒸面条（河南）

做法

01 将面条入沸水中煮熟。

02 菠菜洗净，切小段。

03 鸡蛋打入碗内，加入肉汤、盐搅打均匀，再放入面条、菠菜，上笼用中火蒸约10分钟，食用时淋入香油即成。

主料

面条500克，鸡蛋3个，菠菜50克

调料

香油、盐、肉汤各适量

小知识

猪肝是指猪的肝脏。肝脏是动物体内储存养料和解毒的重要器官，含有丰富的营养物质，是最理想的补血佳品之一，具有补肝明目、养血、营养保健等作用，但猪肝食前要去毒，买回猪肝后要在自来水龙头下冲洗一下，然后置于盆内浸泡1—2小时消除残血。

猪肝炒面

做法

01 猪肝洗净切片，韭菜花洗净切段备用。

02 热锅倒入食用油烧热，放入蒜片爆香后，加入红辣椒圈和猪肝片快炒约2分钟。

03 加入韭菜花、酱油、酱油膏、白糖、盐、米酒、高汤和熟面一起拌炒均匀至收汁。

04 最后加入陈醋、香油，炒均匀即可。

主料

熟面200克，猪肝150克，韭菜花80克，蒜片5克，红辣椒圈10克，高汤100毫升，食用油适量

调料

酱油、酱油膏各1/2大匙，白糖1/4小匙，米酒1小匙，陈醋1/3大匙，香油、盐各少许

猪肝面

做法

01 猪肝洗净，切成薄片，拌入盐，料酒腌片刻。

02 菠菜择洗干净，切段。

03 锅内加水烧沸，下入面条煮熟，捞入碗内。

04 高汤放锅内烧沸，加盐，鸡精调味，小火放入猪肝及菠菜煮开后关火，撒上葱花，倒入面碗内，撒胡椒粉，拌匀后即可食用。

主料

猪肝 100 克，菠菜 30 克，面条 250 克

调料

盐、鸡精、料酒、胡椒粉、高汤、葱花各适量

咸味汤头

主料

鸡骨 800 克，鸡爪 400 克，猪皮 200 克，虾米、丁香鱼各 50 克，胡萝卜 1 根，蒜 15 克，葱、柴鱼片各 25 克，香菇 8 朵，冷水适量

做法

将所有材料处理干净切成块，放入汤锅内，以中火熬煮，并且要不时捞浮沫，煮约 4 小时即可。

猪肉拉面

做法

01 将拉面煮熟后捞起置碗中备用。

02 金针菇去蒂洗净；香菇洗净，切花。

03 咸味汤头加盐以中火煮开，放入猪肉片、鱼板、金针菇、香菇、熟玉米，续煮 2 分钟后盛入面碗，放上海苔片即可。

主料

拉面 150 克，咸味汤头 500 毫升，猪肉片 50 克，鱼板 3 片，金针菇 20 克，海苔 3 片，香菇 1 朵，熟玉米 1 段

调料

盐 1 小匙

猪肉泥拌面

做法

01 热锅，倒入色拉油烧热，先放入姜末、蒜泥以小火炒黄，再放入猪肉泥炒至肉色变白，加入辣豆瓣酱略炒，加水及剩余调味料煮至汤汁收干，即为酱料。

02 取一汤锅，倒入适量的水煮至滚沸，将面条放入后转小火，煮约3分钟至面熟软后，捞起沥干放入碗中备用。

03 将酱料倒入做法2的碗中，加上葱花拌匀即可。

主料

面150克，猪肉泥80克

调料

米酒1/2小匙，辣豆瓣酱1小匙，酱油1/2小匙，乌醋1/2小匙，糖1大匙，色拉油20毫升，姜末、蒜泥、葱花各10克

猪肉三丝炒面

做法

01 黑木耳、胡萝卜、小黄瓜和洋葱洗净沥干，切丝备用。

02 取锅，加入少许色拉油烧热，放入洋葱丝和猪肉丝炒香后，加入做法1剩余的材料和熟鸡蛋面、所有调味料及水，拌炒至熟即可。

主料

熟鸡蛋面150克，黑木耳10克，胡萝卜10克，小黄瓜10克，洋葱20克，猪肉丝20克

调料

白胡椒粉1/2小匙，盐1/2小匙，陈醋1小匙，糖1小匙

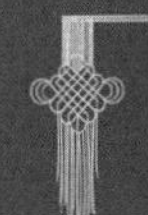

孜然洋葱炒面

做法

01 锅内加水烧沸，下入刀切宽面条，用筷子轻轻拨散，中火烧沸煮熟，捞出过凉，沥水。

02 将羊肉洗净，切成丝。

03 锅内加油烧热，放入羊肉丝炒熟，下入孜然粉、辣椒粉、姜丝炒匀，再下入洋葱丝及青、红柿子椒丝炒熟，放入刀切宽面条，盐、白糖、五香粉炒匀入味，出锅装盘即成。

主料

刀切宽面条 300 克，羊肉 150 克，洋葱丝 50 克，青、红柿子椒丝各 30 克

调料

孜然粉、辣椒粉、盐、白糖、五香粉、姜丝、植物油各适量

小知识

猪蹄，是指猪的脚部（蹄）和小腿，在中国又叫元蹄。猪蹄含有丰富的胶原蛋白质，脂肪含量也比肥肉低。它能防治皮肤干瘪起皱、增强皮肤弹性和韧性，对延缓衰老和促进儿童生长发育都具有特殊意义。为此，人们把猪蹄称为“美容食品”。

猪蹄煨面

主料

粗拉面 150 克，猪蹄 1/2 只，老姜片 20 克，葱段 20 克，当归 1 片

调料

绍兴酒 1 大匙，盐 1 小匙，胡椒粉 1/4 小匙，葱花、食用油各适量

做法

01 猪蹄洗净切块，放入沸水汆烫 3 分钟捞出。

02 热油锅爆香老姜片、葱段，放入猪蹄块，以小火炒约 3 分钟。

03 取一砂锅，倒入炒好的材料，再加入绍兴酒、当归、800 毫升水，中火煮开后捞除浮沫，盖上锅盖，转小火煨煮 3 小时后加盐，再续煮约 15 分钟。

04 粗拉面入沸水锅汆烫 1 分钟捞出，放入砂锅内煮约 4 分钟后，挑出老姜片、葱段、当归，撒上葱花与胡椒粉即可。

炒炮是甘肃省张掖市的一种特色面食，因这种寸段面条形似鞭炮而得名。据考证，该面可能与古代塞外军旅饮食有关。炒炮以"精、鲜、奇、特、色、香、味、形"而著称，实惠方便，此面曾代表张掖市参加央视《魅力中国城》现场电视竞演，成为张掖名吃。

张掖炒炮（甘肃）

做法

01 和面醒面。选上好面粉和面，醒面半个小时后将面团搓成 30—40 公分长条，放在托盘内，上面覆盖柔软湿布或塑料布再醒面。醒面时间依气温控制在半小时到一个小时。

02 揪面。拉开面条呈约筷子粗细，用手揪为寸段入锅煮熟捞出。

03 加工出锅。将切为小粒的豆腐用卤汤炒熟，面煮熟捞出与卤水豆腐汤炒均匀，放入适量食盐、醋、生抽，用大碗盛出，最后在上面放上烫好的青菜末，覆一层卤肉，一碗地道的"卤肉炒炮"就上桌了。亦可根据个人喜好，将煮熟捞出的炮仗面与豆芽、小白菜或青菜等蔬菜相拌炒熟。食用时，配上糖蒜、虎皮辣椒、泡菜等更为可口。

主料

小麦面粉、豆腐、青菜（或小油菜、豆芽菜、芹菜末）、卤肉、糖蒜、虎皮辣椒各适量

调料

卤水、食盐、醋、生抽各适量

小知识

搓鱼子是甘肃张掖最具代表性的特色面食，用软硬适中的面，双手配合手工搓制而成，长大约 3 厘米左右，两头尖，中间略粗，从外形来看，犹如一条条精巧玲珑的小鱼苗，因此而得名。煮熟后滑溜、绵软，却又筋道耐嚼，可依个人口味做成炒搓鱼、汤搓鱼、卤肉搓鱼等不同形式。

参考视频

张掖搓鱼子（甘肃）

主料

精白面粉或荞麦面、青稞面等其他杂粮，卤肉、青菜各适量

调料

食盐、果蔬汁（南瓜汁、菠菜汁、胡萝卜汁、紫薯汁、西红柿汁等均可）、肉末酱汁各适量

做法

01 和面。选精白面粉或荞麦面、青稞面等其他杂粮，水中放入少许食盐，使得面团软硬适中（亦可在和面时添加南瓜汁、菠菜汁、胡萝卜汁、紫薯汁、西红柿汁等天然“颜料”，揉成彩色面团备用）。

02 醒面。时间依气温控制在半小时到 1 小时左右，中途揉面 2—3 次，分成若干小面团。

03 改条。将小面团擀成 1 厘米厚的面饼，用刀切成比筷子略粗的面条。

04 搓鱼成型。左手抓面条，右手上下用力搓面，注意控制力度，即可使 3 厘米左右长短的小面鱼一次成型。如果和面时加入不同颜色的蔬菜汁，即可搓出色彩艳丽、营养丰富的彩色小搓鱼。

05 煮熟加配辅料。将小搓鱼放入沸水中煮熟（视面鱼大小，约 4—7 分钟）捞出过水。如喜欢吃卤肉搓鱼，则在盛好搓鱼面的碗里，放上烫好的青菜以及切片的卤肉，浇上提前勾好的肉末酱汁，即可食用；如喜欢吃炒搓鱼，则将煮熟的搓鱼子和炒好的菜一起翻炒了出锅食用；如喜欢吃汤搓鱼儿，则在汤里放入炒肉粒、葱花（蒜苗）、绿叶菜等即可。

张掖牛肉小饭，面形独特、汤色清亮、味道浓郁和畅、颜色红白绿相间、营养搭配科学，是本地人民和外地游客早餐的不二之选。

张掖牛肉小饭（甘肃）

主料

面粉、牛肉、干粉皮、红豆、白萝卜、豆腐、葱蒜苗、香菜、红彩椒各适量

调料

草果、花椒、生姜、食盐、生抽、小磨香油各适量

做法

01 煮牛肉。选取上好的牛肉，出血沫后放入草果、花椒、生姜、食盐、白萝卜块文火煮 2 小时左右，捞出放凉后切成较大的薄片备用。同时另锅将红豆、干粉皮煮熟捞出，放凉水中备用。

02 和面切面。将面粉用淡食用盐水和好，宜硬不宜软。放入压面机切成筷子粗细、横截面为圆形或正方形的面条，用刀横切成一粒粒小面丁备用。

03 调汤。将清澈发亮的热牛肉汤倒入锅中，放入煮熟的红豆、粉皮和薄豆腐片，放入生抽、小磨香油，撒入葱蒜苗、香菜、红彩椒丁。

04 煮面。将一粒粒正方形的面丁放入沸水中煮熟（约 5—8 分钟），过水，捞出，投入调好的汤中。

05 出锅。将面丁和汤一同舀进碗里，最后放入熟牛肉切片，即可食用。食用时用小汤匙为宜。

小知识

手抓面，芗城人俗称之为豆干面份、五香面份，是漳州一道独特的传统面食类小吃，因为是用手抓着吃而得名。豆干面老少咸宜，在漳州有很多人喜欢吃，是漳州古城传统小吃的一大特色。早期漳州在一些人流较多的地方，就会有卖豆干面的路边摊，一张小桌，几只小凳，一锅热汤，就会引来喜欢吃豆干面的食客，也是最容易引起在外地的漳州人思乡情怀的小吃。面份，是把漳州特有的碱面条煮熟摊平做成的薄扁圆饼状，一般由专业制面作坊加工而成，每一份重量在一两左右。食用时根据个人喜爱，选择几种酱料，依次涂匀在面份上。以面份配以油炸豆腐干（简称豆干），称为豆干面份，配以五香条则称为五香面份。豆干面所用的碱面有着淡淡的碱味与咸味，吃起来满嘴凉爽，但最吸引人的是所配的酱料。用手抓着豆干面吃，因吃的时候碱面与豆干同时咬入嘴，混合着酱料，香甜酸咸辣，各种味道糅合其中，妙不可言。

漳州手抓面（福建）

主料

面粉 500 克，豆干 800 克

调料

沙茶酱 50 克，辣椒酱 50 克，蒜蓉酱 100 克，芥末酱 40 克，杂醋酱 125 克，甜酱 80 克，花生酱 100 克，精盐 4 克，大树碱 5 克

做法

01 将面粉放在案板上，中间扒一凹洞，精盐和大树碱掺搅适量的水，和成面团，经揉、擀等工序后，制成细面条，经沸水锅氽熟捞出，整理成直径为 15 厘米圆薄面份 10 片。豆干切成 10 条，投入热油锅炸至金黄色，捞出待用。

02 取一片圆薄面份放在左手掌上，右手使小竹板抹上甜酱 8 克、花生酱 10 克、沙茶酱 5 克、辣椒酱 5 克、蒜蓉酱 10 克、芥末酱 4 克，涂匀面份上，再放上一条油炸豆干，然后卷实，用手抓面卷蘸一下杂醋酱即可进食。

另一种吃法是将圆薄面份涂上各种酱料后，和油炸豆干均切成块，放在盘上舀入杂醋酱，用筷子夹吃。

参考视频

小知识

蒸凉面又称女皇蒸凉面，是四川省广元市的传统面食特产。其外形和陕西凉皮近似，但其原材料为大米而不是面粉。广元凉面口感滑腻爽口，清凉宜人，只产于市区及其周边相邻几个县镇，超出广元市再无产地。

蒸凉面有两个独特的特点。一是挑选制作凉面的大米必须精选上等的隔年大米与新鲜大米用不同比例混合制作。二是切割面皮的刀也是凉面的一绝。刀身宽 12 厘米象征一年十二月，长 50 厘米象征“五谷丰登”；刀柄长 9 厘米寓意“长长久久”。一把凉面刀寓意着广元人对生活年长日久、五谷丰登的美好祈愿。

蒸凉面（四川）

做法

01 由大米推磨成浆，其中加入少许饭米，可适当加入少许糯米。

02 然后在屉笼里铺上一层布，将米浆均匀倒入其中，蒸 5—8 分钟即可，取出晾冷，用刀切成 1 厘米宽细条状。

03 加入酱油、醋、辣椒油、蒜水等调味料凉拌。

主料

大米、糯米、花椒面、蜀油（清油炼制而成，适口味而定）、韭菜、豆芽、芹菜、花生各适量

调料

酱油、红油辣子（秘制）、醋、盐、味精、蒜水（蒜蓉加上开水）各适量

小知识

中堂鱼丝面是东莞水乡地道的特色美食，清末民初时期中堂鱼丝面仅用于农家婚宴招待亲朋好友，直到1930年以后，才在市场上出售，渐渐在水乡流传开来。主要以鲮鱼肉为原料。

鱼丝面不同于一般的面条，没放任何面粉。鱼丝面的制作对时节也有讲究，一般用秋后肥美鲜甜的鲮鱼制作，因此时的鲮鱼鱼身较小，水分含量少，而鲮鱼脊背肉的肉质韧、黏性好，易起胶，做出的鱼面口感更加劲道。

参考视频

中堂鱼丝面（广东）

主料

鲮鱼肉500克

配料

鸡肉、鸡蛋、冬菇丝、韭黄、葱花各适量

做法

01 纯手工擀制是鱼丝面的传统做法，将剔好的鲮鱼肉揉成团，来回擀压成薄片，不间断撒上少许生粉，以防鱼肉和案板粘连，前后约耗时15分钟。

02 改切时同样保留手工传统，对鱼肉薄片几乎不进行任何折叠，全凭经验改刀划切，切成长约10多厘米的鱼丝面条。

03 将切好的鱼丝面放入60℃温水过水后，捞起备用。

04 准备上汤，可根据个人喜好，比如用鸡肉、鸡蛋、冬菇、韭黄、青菜等，熬成鲜味的上汤。

05 把鱼丝面再放进汤水里慢火煮2分钟，水开即可。

06 适量放盐、油等调味。

小知识

香味浓郁、滋润可口的泥鳅面是福建省宁德市周宁县最著名小吃之一，已经有 600 多年的历史了，当地人叫作土鳅面，在周宁民间，历来把土鳅面称为开脾的滋补美食。泥鳅被称为水中人参，具有滋阴、壮阳、补气血作用，是周宁特有地方风味的绿色美食原料。野生的活泥鳅，用家酿的米酒“醉”倒，结合自家的酸菜，加入纤纤线面，酒糟调色，红白相间，葱段、香菜陪衬，山间美味。泥鳅面色泽微红，面条柔润，落汤不糊，味道鲜美酸辣，非常开胃。

参考视频

周宁泥鳅面（福建）

做法

01 用清水喂养泥鳅 2 天左右，让泥鳅吐出腹中淤泥，再将泥鳅放至米酒中浸泡。

02 放入少许酒糟和生姜，用文火将泥鳅煮熟。

03 下锅加入米汤和线面，文火煮至熟透。

04 加些米酒、盐、醋、辣椒、味精，装碗后放些香菜。

主料

野生泥鳅 100 克，手工细线面 200 克，酒糟 20 克，生姜 20 克，醋 5 克，米酒 10 克，辣椒 5 克，鸡精 5 克

小知识

竹升面是广东传统面食，江门市级非物质文化遗产。竹升面是用传统的方法搓面、和面，用“竹升”（大茅竹竿）压打出来的面条、云吞皮一类面食。每个制作环节都很讲究，通常用手搓面处理后，用“竹升”按压2小时，用人体弹跳的重力让面团受力均匀，压打出来的面具有独特的韧性，这种做法代代相传，做出来的竹升面爽脆弹牙，韧性十足，鲜美无比。

竹升面以鸭蛋和面，绝不加一滴水，其面条爽滑韧性好，蛋味香浓。面条搭配的汤也很关键，选用猪骨、大地鱼、虾籽及祖传的秘制材料熬制3小时以上才够火候。

参考视频

竹升面（广东）

主料

中筋面粉500克、鸭蛋(带壳称重250克)4个，高汤、云吞、牛腩、猪手适量

调料

盐5克，韭黄、虾籽粉各适量

做法

01 鸭蛋外壳洗净，鸭蛋打入碗里均匀打散备用。

02 将称重好的面粉放入面包桶里，加入盐，倒入打散的鸭蛋。

03 和面结束后盖上保鲜膜让面团醒30分钟。

04 用竹升按压面团2小时。

05 需要把面条放在阴凉处待碱水味散尽，此过程称为“走碱”，时间为5—7日。

06 走碱完成后，即可下锅煮面。

07 煮面：煮滚一锅水，至水大滚时，将竹升面弄散，放入锅里煮熟，捞上来过一下冷河，最后放进滚水里面稍微焯，即可捞起。

08 装碗：先在碗里加适量的汤，然后放菜，最后再加煮好的面，撒上韭黄、虾籽粉即可食。

09 也可将煮好的竹升面，加入牛腩、猪手、云吞等配料食用。

小知识

猪蹄面是漳州的一道传统小吃，也叫猪蹄干拌面。早期的漳州，以北京路与新华西路交叉口的广和隆猪蹄干拌面最为有名。“广和隆”迄今已有七十多年历史。当年的创始人纪荣桂从广东普宁辗转来到漳州，为了谋生，他开起猪蹄面小店，没想到居然大为风行，其卤猪蹄更是声名远扬。2003 年被中国烹饪协会认定为“中华名小吃”。干拌面须趁热吃，吃进嘴里，蹄肉香软，面条爽滑，酱香满口，百吃不厌。食客可以根据自己的喜爱搭配各种配料，除了卤猪蹄，也可添加卤笋、蛋、大肠、蹄包、猪皮、猪肺、壳仔肉等。吃时也可配上鸭血汤或各种炖品，撒点蒜丁、芫荽，喜欢酸辣的食客可以自己添加辣油、胡椒及醋。

猪蹄面（干拌面）（福建）

做法

01 将面粉放在案板上，中间扒一凹洞，精盐和大树碱掺搅适量的清水和成面团，经揉、擀等工序后，切成细面条。

02 将沙茶酱、花生酱、辣椒酱、蒜蓉酱、酱油、味精各分成 10 份，装在碗里（可供 10 碗面使用）。

03 汤锅置旺火上，放入清水烧沸，放入生面条 100 克煮至面条浮上，捞出放入一份料碗里搅拌均匀，撒炸蒜末，舀入适量的猪蹄即可。

其余 9 份同上述制法。

主料

面粉 700 克，红烧猪蹄块 1000 克

调料

花生酱 70 克，沙茶酱 50 克，辣椒酱 40 克，蒜蓉酱 50 克，酱油 15 克，味精 10 克，大树碱 5 克，精盐 4 克，炸蒜末 10 克

小知识

镇江锅盖面，也称镇江小刀面，是中国十大名面之一，被誉为“江南第一面”，是镇江市的一道地方特色传统美食。成品的锅盖面具有软硬恰当、柔韧性好等特点，是一道老少皆宜的小吃。锅盖面用的面条是“跳面”。所谓“跳面”，就是把和揉成的面放在案板上，由操作人员坐在竹杠一端，另一端固定在案板上，上下颠跳，既似舞蹈，又似杂技，反复挤压成薄薄的面皮，用刀切成面条。锅盖面做法源于清朝，历史悠久。

参考视频

镇江锅盖面（江苏）

做法

01 烧一壶清水，加入香干、青椒各 80 克，煮 3 分钟，煮好后捞出备用。

02 将 500 克手擀面放入锅中，上加一个小锅盖浮在锅中，面条贴在锅盖下，煮 3 分钟捞出。

03 准备生抽 3 克，芹菜粒 3 克，葱段 8 克。鸡精 5 克，盐 3 克，胡椒粉 3 克，猪板油 5 克，麻油 10 克，倒入香干丝，青椒丝，加入高汤 500 毫升。

04 加入面条搅拌，即可食用。

主料

手擀面 500 克，香干 80 克，青椒 80 克

调料

生抽 3 克，芹菜粒 3 克，葱段 8 克，鸡精 5 克，盐 3 克，胡椒粉 3 克，猪板油 5 克，麻油 10 克

小知识

饸饹又称为“河漏”，是北方传统的汤食面点，用荞麦面制作而成。正定饸饹历史悠久，选料精良，有着自己独特的配方，看似简单的一碗面，其背后的配料，熬制，制卤，都颇费心思。

饸饹的主料为荞麦面，掺入一定比例的白面，榆皮面，有黏度，有韧性，入锅耐煮，入口特别润滑，煮熟后呈浅棕红色，色泽鲜亮，令人垂涎。饸饹卤汤由牛骨汤、精牛肉、大葱、香菜加以丁香、桂皮、砂仁、肉蔻、花椒、小茴香、碘盐等20多种佐料熬制而成，具有活血、散淤、通气、养胃等功能，尤其是糖尿病患者的首选食品。

参考视频

正定饸饹（河北）

做法

01 用饸饹床将和好的饸饹面轧到沸水中。

02 焯好的绿豆芽沥干水分，洗净的香菜备用。

03 绿豆芽装碗垫底，将煮熟后的饸饹面装碗，倒入饸饹卤汤，最后撒入牛肉丁、香菜即可食用。

主料

饸饹面 210 克，精牛肉丁 70 克，绿豆芽 50 克，香菜 10 克

调料

提前准备好的饸饹卤料

小知识

蘸片子也叫蘸尖尖、拖叶子，是地道的山西人对这种面食的爱称，是一种以各种蔬菜蘸面煮食的面食。先把小麦面粉或高粱面、豆面加鸡蛋逐步加水搅成糊，再将蔬菜玉谷叶、豆角、茄子、土豆、白菜叶、菠菜叶等蘸面糊后煮熟。面菜均匀，青白分明，光滑爽口，再配上西红柿酱，好吃极了。

参考视频

蘸片子（山西）

主料

白面、豆面、40℃温水、玉谷叶子（野苋菜）各适量

调料

西红柿鸡蛋卤

做法

01 面粉、豆面放入盆中，少量多次加入温水，用筷子顺时针搅拌，面糊呈黏稠状即可。和好的面糊静置 20—30 分钟。

02 玉谷叶子清洗干净，晾晒至上面没有水分。

03 取一片玉谷叶子，叶子背面贴在面糊上面。用手指将叶子平平地向下压，压得越用力，蘸的面糊越多。

04 揪住叶子的根茎顺势拽起，叶子表面蘸满了面糊，放入开水锅中，用小火煮逐个将叶子蘸满面糊放到锅中，一次煮大约 20 多片。

05 面菜很容易熟，煮熟捞出浇上卤汁即可。

责任编辑：陈百万 等
封面设计：王欢欢
版式设计：汪 莹
责任校对：白 玥

图书在版编目（CIP）数据

国泰民安国庆面 / 中共中央宣传部宣传教育局 组织编写．—北京：人民出版社，
2020.9
ISBN 978－7－01－022505－0

I. ①国… II. ①中… III. ①面条－食谱 IV. ① TS972.132

中国版本图书馆 CIP 数据核字（2020）第 181907 号

国泰民安国庆面
GUOTAI MIN'AN GUOQING MIAN

中共中央宣传部宣传教育局 组织编写

人民出版社 出版发行
（100706 北京市东城区隆福寺街 99 号）

北京雅昌艺术印刷有限公司印刷 新华书店经销

2020 年 9 月第 1 版 2020 年 9 月北京第 1 次印刷
开本：787 毫米 ×1092 毫米 1/16 印张：24.5
字数：266 千字

ISBN 978－7－01－022505－0 定价：79.00 元

邮购地址 100706 北京市东城区隆福寺街 99 号
人民东方图书销售中心 电话：（010）65250042 65289539